微生物力が人類を救う──もうウイルスは怖くない

杉山 政則

微生物力が
人類を救う

もうウイルスは怖くない

海鳴社

まえがき

　「微生物」は多種多様な環境、例えば、ヒトの腸管内、口腔内、皮膚表面などに棲息しています。これらの場所にいる微生物は明らかにヒトと共存しながら生きています。なぜそんな場所にいるのか理由は定かではないけれど、温泉、海底、90℃を超える熱水噴出孔の周辺にも微生物は生活しています。近年、こんな「超好熱性細菌」の高温耐性機構を解明しようとする科学者がいます。なぜなら、高温で無酸素の環境は、生命誕生時期の地球を反映しているからです。

　一方、ヒトは緊張したり、不安を感じたりすると、お腹が痛くなることがあります。これは「過敏性腸症候群（BS）」と称し、自律神経を介して脳が腸にストレス刺激を伝えた結果であると考えられています。逆に、腸に病原細菌が作用すると、不安感が増強されるとの報告もあります。このように、微生物はヒトと共存しながらヒトの日常生活に影響を及ぼしているのです。

　最近は、加齢、抗生物質の乱用、偏った食事、ストレスなどが原因で腸内フローラ（腸内細菌叢とも言う）が破綻すると、病気になりやすいという仮説が、医学薬学領域の研究者の好奇心をくすぐっています。後述しますが、私の研究プロジェクトでは、葉、花弁、果実などの植物表面から分離した乳酸菌（以後、植物乳酸菌と略す）の産生する物質が腸内細菌叢の破綻を防ぐことを見出し、潰瘍性大腸炎を始めとする自己免疫疾患を予防・改善するための研究を進めています。また、病原菌の増殖を阻害する物質をつくる植物乳酸菌を探索し、その候補株を見つけました。

　ここで少し話を変えます。真核生物の細胞内には、細胞の維持に必要なエネルギーをつくる発電所のような役割を持つ「ミトコンドリア」や緑色植物の光合成に関与し、取り込んだ光エネルギーを化学エネルギーに変える「葉緑体（クロロプラスト）」があります。これらの細胞内小器官を「オルガネラ」と呼んでいます。これらオルガネラの起源として、「光合成細菌」と「呼吸する細菌」とが細胞内に取り込まれ、細胞内共生体として、それぞれの細菌が、真核生物の「葉緑体」と「ミトコンドリア」になったのです。これが

「細胞内共生説」という仮説です。

ミトコンドリアは好気性細菌の仲間である「プロテオバクテリア」を起源とし、葉緑体は「シアノバクテリア（藍藻）」が起源であるとされています。さらに、プロテオバクテリア（Proteobacteria）がミトコンドリアへと変化した後に、菌類や動植物へと進化したと推測されています。ちなみに、プロテオバクテリアは、おもにリポ多糖（脂質と多糖が連結した構造）でできた細胞外膜をもつ「グラム陰性菌」です。プロテオバクテリアを取り込んだ細胞が10億年前にシアノバクテリアを取り込み、そのシアノバクテリアが葉緑体に変化し、さらに藻類や植物へと進化していったと推測されています。

さらに話題を変えます。以前、市民講座で講演した私は、聴衆の皆さんに「微生物という言葉から何を連想しますか？」と質問したところ、バイ菌、病原菌、腐ったみかんに生えたカビ、インフルエンザ感染症、新型コロナウイルスなどの言葉が挙がりました。この返答から判断する限り、微生物に不快感や嫌悪感を抱いているヒトは多いようです。

2019年秋以降、世界的にも新型コロナウイルスの感染拡大が社会経済を停滞させ、人々の日常生活を苦境に追い込んでいます。その結果、多くの人々は明るさを欠き、情緒不安定になっています。最近、新型コロナウイルスのデルタ株のほかに、オミクロン株、BA.2およびBA.5などの変異株の感染力の強さが話題になっています。

そこで、本書では、人類の宿敵とも言える「病原性ウイルス」と「ウイルス感染症」の特徴を解説します。

生物学者いわく、「生物」と言うからには、細胞膜という殻を持ち、細胞内に栄養成分を取り入れて代謝活動を行い、子孫を残すという3つの条件を満足することが必要です。生物の活動を突き詰めていくと、最も重要な活動は「子孫を残す」ことであり、使命であることから判断すると、ウイルスは生物ではないと言い切ることも難しいと思います。ところが、ウイルスは自分のゲノムを自身の力だけでは複製できず、自らを増やすために使うタンパク質の合成も宿主（感染細胞）に依存しています。そこで、ウイルスは「生物ではない」と主張する生物学者がいます。

エボラウイルスなどの強毒性ウイルスは、感染した細胞を完全に乗っ取って破壊してしまうので、宿主に大きなダメージを与え死に至らしめます。し

かし、宿主に依存しなければ存続できないウイルスにとって、宿主を殺してしまうのは得策ではありません。エイズウイルス（HIV）のように、ウイルスゲノムが細胞内に潜んで、ときどきウイルスを増やして放出する戦略の方が賢いのかも知れません。私は、「ウイルスは生物というよりも、生物と無生物との間に位置する生命体」と認識していますが、本書では悪玉生命体としてウイルスの脅威と驚異を取り上げ、人類はいかにウイルスの脅威に立ち向かってきたのか、その歴史も記述しました。

　一方、人類の食生活や健康維持に役立っている微生物がいます。それは、発酵食、酒類、調味料の製造に利用される麹菌と酵母および乳酸菌のほか、抗生物質、抗がん剤および免疫抑制剤をつくる「放線菌」などです。これらの微生物がヒトの健康と医療を支えています。キノコは形態から微生物とは感じられませんが、カビ（糸状菌）や酵母と同じく、真菌に分類される生物です。私たちがキノコと呼び、食べている部分は「子実体」と呼ぶ、胞子をつくる細胞内器官（オルガネラ）であり、たくさんの菌糸からできています。カビは胞子をつくって増えることを皆さんは知っていましたか？

　微生物に興味を持つ者として、微生物を取り上げる際には人類に対するウイルスや病原細菌の脅威を取り上げることは不可避ですが、私は、微生物が人類の味方をするために地球に出現したのだと思いたいぐらいです。そんなことを背景に、本書では、「地球誕生と微生物誕生の経緯」、「微生物のつくる化合物が病気の治療に役立つ」、「腸内細菌叢の破綻が病気を招くが、その破綻を回復させる微生物がいる」など、微生物が人類の生活に密接に関与していることをお話することで、微生物をより身近な生命として理解して欲しいですし、細菌学の黎明期に活躍した科学者や現代医療の橋渡しに携わった研究者の業績と逸話（エピソード）についてもお話したいと思います。さらに言いますと、科学者の多くは、知的好奇心に溢れ、オリジナルで重要な研究課題を探し、忍耐力をもって研究していることを理解して欲しいのです。

序章

生物界のパラダイムシフト

　パラダイム（paradigm）とは哲学用語で、「その時代や分野で規範となる、物の見方や捉え方」のことである。これまで当然と思われていた物の見方や考え方が、劇的に変化することを「パラダイムシフトが起きた」と言い、「従来の定説や概念を覆す」、あるいは「革新的な発明や発見によって社会環境が一変する」などの意味でも使われている。

　17世紀に活躍したアントニー・レーウェンフック（Antonie van Leeuwenhoek）が顕微鏡を手づくりし、裸眼では観察できないが、一見澄んだ水たまりにも微小生物がいることを実証した。彼の好奇心が眼には見えない生物のいることを人類に初めて認識させた。まさにパラダイムシフトが起きた瞬間である。「地球には眼では見ることができない生命が存在する」ことを知った人類は、好むと好まざるにかかわらず微生物の脅威と驚異に翻弄されることになった。

　パラダイムシフトは、狭義的には科学分野で使われており、天動説から地動説への変化もパラダイムシフトが起きたことの一事例である。科学史を研究していたトーマス・クーン（Thomas S. Kuhn）が著書『科学革命の構造』（1962年）のなかで最初にこの言葉を使った。加えて、彼は「科学とは累積的に一定方向に発展するのではなく、科学者がパラダイムをシフトさせる」という概念を唱えた。

　19世紀に、ドイツ人医師ローベルト・コッホ（Robert Koch）は、「炭疽」や「結核」は細菌の感染により発症する病気であることを実証した。コッホと同時代に生きたフランスの科学者ルイ・パストゥール（Louis Pasteur）は、ワインの製造や食品の腐敗に微生物が関与していることを証明した。これらの発見は微生物分野でのパラダイムシフトの起きた事例である。

　さらに事例を挙げると、19世紀から20世紀へと時代が移るなかで、ドイツの物理学者エルンスト・ルスカ（Ernst August Friedrich Ruska, 1906 - 1988）が1934年に電子顕微鏡を開発した。彼はその功績で1986年のノーベル物理学賞に輝いた。ルスカの開発した電子顕微鏡が、地球には細菌より

も微小な生命体として「ウイルス」がいることを実証したのだった。

　英国のアレクサンダー・フレミング（Alexander Fleming: 1881 〜 1955)
が黄色ブドウ球菌を用いた実験に取り組んでいるとき、青カビの胞子（カビ
の胞子は正確には分生子と呼ぶ）が黄色ブドウ球菌の生育したシャーレに落
ち、そのカビの周囲にいた黄色ブドウ球菌が溶けているように見えた（写
真1参照）。彼はこの観察結果を1929年の英国実験病理学雑誌に発表した。
ちなみに、戦地で負傷した兵士の治療を担当していたフレミングは、傷口か
ら侵入した細菌によって兵士がもがき苦しみながら死んでいくさまを何とか
したいと思ったことが、黄色ブドウ球菌を研究する動機となったようだ。彼
は、青カビがつくる、黄色ブドウ球菌に対する生育阻害物質を「ペニシリ
ン」と命名した。ちなみに、青カビは分類学上、糸状菌の「ペニシリウム

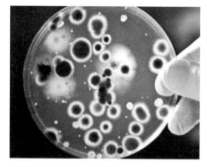

（*Penicillium*）」に属する。

　フレミングによる、「微生物が他
の微生物の生育を阻害する物質を
つくる」との概念が生まれたこと
がきっかけで、結核の特効薬「ス
トレプトマイシン」が、米国ラト
ガース大学のセルマン・ワクスマン
（Selman Abraham Waksman）教授
によって発見された。

ストレプトマイシンは、カビではな
く、土壌に生息する細菌の一種「放
線菌」がつくる。彼は、微生物の
つくる抗菌活性物質を「抗生物質

写真1　シャーレで生育した青カビ
（黒色はカビであり、そのカビのまわり
が透明になっている。これは、黄色ブ
ドウ球菌が溶けたためであり、黄色ブ
ドウ球菌の増殖を阻害している）

（antibiotics)」と呼ぶことを提案した。これまでに、総計10,000種を超え
る抗生物質が放線菌から発見されている。結核に有効なストレプトマイシン
の発見により、ワクスマンに1952年のノーベル生理学・医学賞が授与され
た。これが抗生物質分野での2つ目のノーベル賞受賞となった。

　人類は抗生物質の発見により、これで細菌感染症と戦うための最強の武器
を手に入れたと思った。だが、それも束の間のことで、抗生物質の効かない「薬
剤耐性菌」が地球上に出現したことから、科学者は感染症の完全克服への道
のりは遠いことを改めて知った。それにもめげず、研究者は新たな抗生物質
の発見と開発に挑戦しているが、病原細菌の耐性化と新規抗生物質の開発と

の間で「いたちごっこ」が続いており、人類は微生物に見事なめられている
ようだ。

生命の自然発生説とその否定

　紀元前4世紀に活躍した古代ギリシャの哲学者アリストテレス（前384
年-前322年）はプラトンの弟子である。彼は、生命は親の体からではなく、
物質から生まれるものがあると断定し、著書「動物発生論」に多くの動物が
自然発生すると記述した。

　アリストテレスの影響で、19世紀後半まで生命は自然に発生するものと
信じられてきた。それを完全否定した科学者がパストゥールだ。北フランス
は砂糖大根（ビート）の生産が盛んである。北フランスのリール大学教授と
して赴任したパストゥールは、醸造業者から「ときどき酸っぱくなったワイ
ン」ができてしまう原因を突き止めて欲しいと頼まれたことがきっかけで、
「酵母によるアルコール発酵」に興味を持った。しばらくして、ときどきワ
インが酸っぱくなるのは葡萄の搾汁液に乳酸をつくる細菌が混入してしまっ
たためであることを突き止めた。

　一方、コッホは特定の細菌を純粋培養する方法を見つけたほか、病気を引
き起こす細菌を特定するために「コッホの四原則」を打ち出した。

1.　　一定の病気には一定の微生物が見出されること
2.　　その微生物を分離できること
3.　　分離した微生物を感受性のある動物に感染させた場合、同
　　　じ病気を起こせること
4.　　その病巣部からは同じ微生物が分離されること

ちなみに、3と4を一緒にして「三原則」と呼ぶこともある。

　さらに、コッホは弱毒化した結核菌をモルモットに注射すると症状が改善
されることを見出し、結核菌の感染を予防するためにBCGワクチンを開発
した。この発見がやがて、パンデミックなインフルエンザや新型コロナ感染
症を予防するための「ワクチン」を開発するためのヒントになった。

　コッホの四原則にしたがって、19世紀末までに幾つかの細菌感染症の病
原体が発見された。ところが、ウイルス感染症は四原則を満たさないことが
多い。その時代は細菌よりもはるかに小さな病原体（ウイルス）が存在する
ことを証明する手段がなかったからである。コッホとパストゥールが生きた
時代は「細菌学の黎明期」といえる。

人間はエイズウイルスが感染する唯一の生物である

1981 年、米国のニューヨークで若い男性が奇妙な病気で死亡する事例が相次いだ。同じ症状で死亡した患者が増えるにつれて共通性がわかってきた。奇妙な死を遂げた男性患者はすべて同性愛者たちで、いずれの患者も免疫力が落ちていた。それを手がかりに調べた結果、この免疫不全（免疫機能が壊れること）を起こす病気は同性愛者のライフスタイルと関係していると思われた。さらに、輸血を受けた患者と血友病患者の中にも免疫不全を引き起こした人たちが多くいた。血友病の治療には「血液凝固因子製剤」が必要だが、その製剤をつくるには血液をフィルター（濾紙）で濾過するステップがある。そのフィルターの孔（あな）を通り抜けられる微生物がこの病気を引き起こしたとすると、それは細菌ではなく、「ウイルス」以外にないと思われた。

一方、ニューヨークの医療事象と時期を同じくして、パリ・パストゥール研究所ウイルス部門のリュック・モンタニエ（Luc Montagnier）教授のもとにリンパ腺の腫れているファッションデザイナーから採取されたリンパ節が持ち込まれた。病変部を病理解析したところ、ウイルスに感染した痕跡のあるとことがわかった。この免疫不全は先天性ではなく、生まれたあと発症するので、後天性免疫不全症候群（acquired immuno-deficiency syndrome: AIDS）と呼んでいる。正体不明の病気として世界中を恐怖に陥れたエイズ、その原因ウイルスを米国のギャロ博士が発見したというニュースは、「世紀の大発見」として称えられた。ところが、エイズ発見にまつわる疑惑がシカゴ・トリビューン新聞の記者によって暴露されてしまったのだ。

Tea time　エイズウイルス発見をめぐるスキャンダル

米国メリーランド大学と国立がん研究所に所属していたロバート・ギャロ（Robert Charles Gallo）博士は、エイズの病原体とする別種のウイルスを追いかける過程でフランスの研究者から数カ月前に分与されたウイルスと遺伝的によく似たウイルスを、自ら発見したウイルスとして発表した。ギャロ博士はエイズ病原体を世界で最初に発見した栄誉をモンタニエ教授から奪い取ることに全力を注いできたとも言われ、そのギャロの行動を暴露した本『エイズ疑惑 —世紀の大発見の内幕（ジョン・クルードソン著／小野克彦訳)』が1991 年に刊行されている。執筆したクルードソン記者が、発見にまつわる真

相究明に尽力しなかったら、米国医学界で絶大な権力を持つギャロ博士の裏切りと欺瞞の真実は、深い闇に閉ざされたままであったことは想像に難くない。ちなみに、私がウイルスに興味を持つようになったのは、パリ・パストゥール研究所バイオテクノロジー部門のジュリアン・デービス教授の研究室で「抗癌剤ブレオマイシンをつくる放線菌の自己耐性遺伝子の構造と機能」の研究に携わっていたとき、ウイルス学部門のモンタニエ研究室で研究されていた京都大学の小野克彦先生に研究所内でお会いしたことが縁であった。

その後、エイズウイルスを発見したパリ・パストゥール研究所のモンタニエ教授と同僚のフランソワーズ・バレシヌシ博士にノーベル生理学・医学賞が授与されたのは言うまでもない。それは 2008 年のことであった。

写真2　パリ・パストゥール研究所　　写真3　筆者と同僚 Mazodier 博士と教授秘書

ウイルス感染症の章で詳細を述べるが、エイズウイルスが怖いのはそれが免疫担当細胞（T 細胞）に侵入して増殖し、やがて T 細胞を食い破ってウイルスを大量放出させるからである。免疫細胞が破壊されてしまうと、別の病原体の感染を防ぐことができなくなるのは当然だ。

2021 年現在、世界の HIV 陽性者数は 3,840 万人、新規 HIV 感染者数は年間 150 万人、エイズによる死亡者数は年間 65 万人である（FACTSHEET-WORLD AIDS DAY 2022 by UNAIDS）。HIV は細胞に入ると、自分のゲノム RNA を自分の逆転写酵素を使って DNA に書き換え、ヒトの免疫細胞の DNA に組み込む。熊本大学の満屋裕明教授は、RNA から DNA を合成する逆転写酵素を阻害する化合物を開発しようと計画した。1985 年、最初の薬の候補となる化合物は AZT（アジトチミジン）であった。米食品医薬品局は 1987 年、世界初のエイズ治療薬「AZT」を異例の速さで承認した。満屋教授は、さらに有効なエイズ治療薬の開発のため、HIV が増えようとする時に、タン

パク質を分解する酵素の働きを止める薬（プロテアーゼ阻害剤）を探した。2006 年、米国の科学者との共同研究で完成させた「ダルナビル」は、途上国が特許料を払わずに使える医薬品として、世界で初めて国連の機関に登録された。

　そして今、人類は新型コロナウイルスに翻弄されているが、ウイルス遺伝子の構造を逆手にとったワクチン開発が行われ、ウイルス感染症の克服に向けて挑戦している。

　新型コロナウイルス感染症の治療薬の候補としては、最近特例承認された「レムデシビル」がある。この薬剤は RNA ポリメラーゼ阻害薬であり、もともとはエボラ出血熱の治療薬として開発された。日米国際共同治験（中等症〜重症対象）の中間解析で、レムデシビル投与患者の回復までの期間の中央値が 11 日であり、プラセボ投与群の 15 日よりも有意に短かったと報告されている。

　新型コロナウイルス感染症を含むパンデミック感染症が次から次へと起きる時代、人間は病原細菌やウイルス並びに原虫（医学では寄生虫と呼ぶ）に対しどう向き合い、どう戦うべきか、さらには微生物と出会ったことから、微生物の恩恵を受けることになり、それが人類の幸福につながるであろうことを考えてみたい。さらに、「腸内細菌の破綻は病気を誘発する要因となるが、その破綻を改善してくれる微生物もいる」との研究を紹介し、21 世紀の未来医療を予想する。

第1章　生命の誕生

　かつて、米国航空宇宙局（NASA）は、国際宇宙ステーションに滞在中の
目覚し音楽として、日本宇宙航空研究開発機構（JAXA）から派遣された宇
宙飛行士の山崎直子さんのために、松田聖子さんの歌う「瑠璃色の地球」と
いう曲を贈ったという。歌詞のなかに「地球という名の船の誰もが旅人」と
謳う曲で、山崎さんがどうしても宇宙で聞きたいと言っていたそうだ。宇宙
から見た地球は、さぞ瑠璃色（るりいろ）に光輝いて見えているのだろう。
さらに、「朝陽が水平線から光の矢を放ち　二人を包んでゆくの　瑠璃色の
地球」という歌詞は、瑠璃色に光かがやいている地球に住む人類が幸福感に
満ちていると想像でき、私はしみじみ感ずる光景だ。

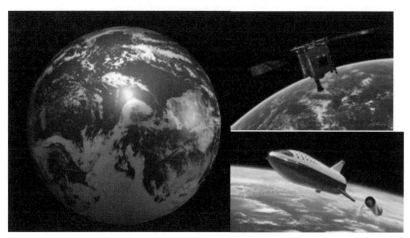

写真4 宇宙から見た地球　　　　　写真5 地球に帰還する「はやぶさ2」
　　　　　　　　　　　　　　　　　写真6 米国宇宙船

　私たちが知る生命は、今のところ、地球にいる「生物」に限られるが、宇
宙の果てまで範囲を広げると、地球と環境が同じとは限らない惑星で、これ
まで頭の片隅にもなかった生命体と遭遇する可能性を否定できず、ひいては
「生命」あるいは「生物」の概念が変わってしまうかもしれない。

1982 年に公開されて大ヒットした米国の SF 映画「E.T.」は、地球外生命体と少年との交流を描いている。300 万光年の彼方からやってきた宇宙人の一人が地球にとり残されてしまうが、10 歳の少年エリオットはその宇宙人を「E.T.」と名づけ、不思議な力で仲良しになっていく。E.T. は Extra-Terrestrial の略だ。

写真 7　映画「E.T.」より（スティーブン・スピルバーグ監督　E.T.　1982 年）

　映画を鑑賞した多くのヒトたちは、二人の交流に感動し、宇宙人は超能力を備えた生物だと思ったに違いない。スティーブン・スピルバーグ監督のこの最高傑作映画を鑑賞した当時、心和むものを感じた。

　2020 年 10 月 29 は、米国 NASA の無人探査機「オシリス・レックス（OSIRIS-Rex）」が、地球に近い小惑星「ベンヌ（Bennu）」から採取した石や塵（ちり）を含む試料の格納に成功したことを発表した。この試料中に生命体や生命の起源に繋がるものがあれば、いつの日か地球外生命体に出会えるとの期待と夢が大きく広がる。

　一方、日本の小惑星探査機「はやぶさ 2」は、世界で初めての小惑星内部の岩石を採取するため、2019 年 11 月 13 日小惑星「リュウグウ」から離脱し、日本時間の 2020 年 12 月 6 日の午前 2 時 28 分にその試料を格納したカプセルを地球に帰還させた。その後、「はやぶさ 2」は次の小惑星探査に向けて再び地球を離れた。この探索機が目指した小惑星「リュウグウ」は生命にとって必要不可欠とされる水や有機物が多く含まれると推測されていて、こ

れらの物質がいつどこでどのように生じたのかを明らかにすることを目的としていた。

　2020 年 12 月に地球に帰還した「はやぶさ 2」のカプセル内には、約 5.4 グラムの石と砂が入っており、世界各国の研究機関で分析された。その結果、生命体に欠かせないアミノ酸が見つかった（NHK 解説室記事　2022 年 6 月 15 日）。なお、地上で見つかった隕石からアミノ酸が検出されることはこれまでにもあったが、地球で付着した可能性を否定することはできなかった。しかし、今回、宇宙空間で直接採取し、地球の空気に触れさせない形で検出できたのは、「はやぶさ 2」のお陰である。

　さて、ほとんどの小惑星は約 46 億年前に太陽系が形づくられる過程で、塵やガスが集まって形成されたと考えられている。このうち、惑星とはならなかった小惑星が火星と木星の間を中心に数十万個あり、なかでも 7 割以上を占めるのが「リュウグウ」のような炭素質を主成分とする小惑星で、この小惑星の岩に水や有機物が含まれていれば、地球の生命誕生に関係していると推測できよう。

　ある進化生物学者は、自己増殖できる遺伝情報を持った生命が非生物的でランダムな反応から偶然生じる確率は、余りにも小さいと考えてきた。だが、最新の宇宙科学研究プロジェクトとして、宇宙空間で観測可能な距離（138 億光年）の遥か向こうの生命体の存在を確認するための取組みが実行されれば、E.T. に遭遇できる可能性は無きにしもあらずといえよう。

　さて、つぎに生命の起源について考えてみよう。その有力説として「RNA ワールド」という考え方がある。増殖や子孫への情報伝達機能は DNA が、生命の代謝活動はタンパク質がそれぞれ担っているが、RNA には両機能が備わっているため、生命の発生は RNA から始まったとする説だ。ただし、「そもそも RNA はどのようにできたのか」は謎のままだ。RNA を構成する核酸塩基とタンパク質を構成するアミノ酸はいつ地球に出現したのか、その手掛かりを得るために生命が出現する当時の原始地球環境を眺めてみよう。

地球を取り巻く大気

　46 億年前に宇宙空間の塵や隕石が集まり、誕生した原始地球、それを取り巻く大気の主成分はヘリウムと水素で、しかも高圧高温の気体だった。現在でも、地表は 30 ℃（≒ 300 K）ほどであるが、地球のマントルは 1,000 ～ 4,000K、外核および内核は 4,000 ～ 6,000K と、きわめて高温である。

原始地球の内部からの噴火による火山ガス（水蒸気、CO_2や二酸化イオウなど）が大量に放出されて、原始大気が形成された。星間ガスは水素とヘリウムが圧倒的に多く、次いで一酸化炭素、水蒸気、アンモニアなどの順番で含まれている。原始大気もこれに準じて、高温高圧であった。これは現在の太陽を取り囲む大気と似ており、「水蒸気による温室効果」が原始地球を高温高圧に保っていたという説がある。このように誕生したばかりの地球は噴火を繰り返すことで、二酸化炭素とアンモニアを大量に含む大気で覆われていた。ちなみに、一酸化炭素は水から酸素を奪って二酸化炭素になる。

　それから6億年が経ったころには、大気は完全に冷え、生命体に必須なタンパク質と核酸の材料となる物質が地球に蓄積した。それからさらに2〜4億年を経過したころには、水素と硫化水素を「資化する」生命体が海中で育っていた。ただし、当時の地球の大気中には酸素が依然として存在しなかった。ちなみに、微生物がある物質を栄養源として利用することを資化すると称する。

図1・図2　原始地球の噴火の想像図

光合成システムを備えた生命体の誕生

　地球に初めて登場した生命は、無酸素、すなわち、嫌気状態で増殖できる「単細胞生物」であった。この生物は「細胞膜で取り囲まれた核」を持たないことから「原核生物」と呼ばれ、海中の有機物を栄養源として摂取し増殖した。だが、増え続けるためには深刻な問題があった。なぜなら、海中の有機物量には限りがあったからだ。そこで、生き残り戦略として、自分で栄養分をつくるための装置を必要とした。その装置を備えた初代生物が、35億年前に

出現した「シアノバクテリア（藍藻：らんそう）」である。藍藻は系統的には真正細菌に分類される原核生物であるが、かつて、「植物」に分類されていた時期もあった。藍藻を藻類の一員として理解する研究者は今もいるが、原核生物である点で藻類や陸上植物 とは系統的に大きく異なる。シ

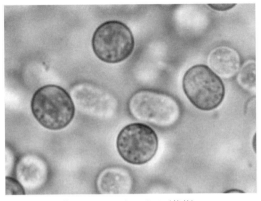

写真8 シアノバクテリア（藍藻）

アノバクテリアには「光合成」装置が備わっていた。生命体が活動をするために必要なエネルギーは「炭水化物」から創出され、光合成はまさに炭水化物を手に入れるための戦略とも言える。

地球環境を変えたシアノバクテリア

　シアノバクテリアの出現によって、地球環境が徐々に変化し始めた。その最大イベントが酸素の出現である。酸素が大気中に現れた時期と光合成生物の誕生の時期が一致していることから推測すると、光合成装置を備えた微生物が酸素をつくり出したとするのが正解であろう。カナダのオンタリオ地方で、シアノバクテリアを含む化石が発見されている。当時の地球に酸素がなかったとしても水は生物にとって必須であるとすれば、35億年前の地球上には「水」があったと考えても良いのではないか。グリーンランドには水中で堆積してできた35億年前の岩のあることがその証拠である。

シアノバクテリアが強力紫外線から陸上の生物を守った

　宇宙空間を飛び交う放射線を宇宙線と呼び、宇宙空間からは可視光のほか、目には見えない赤外線、紫外線、ガンマ線、エックス線、電磁波などが地球に向かって降り注いでいる。高エネルギーのエックス線やガンマ線が直に地球に届いてしまうと、地球上の生物を傷つけてしまうが、地球を覆う大気は、可視光より波長の短い紫外線、エックス線、ガンマ線などの大部分を吸収するので、致死的な宇宙線から生物を守ることができる。さらに、シアノバクテリアがつくった酸素は海水に溶けて

いき、溶け切れなかった酸素は大気中に放出され、成層圏でオゾン層を形成して有害な紫外線を吸収するようになった。こうして、海中でしか暮らせなかった生物たちが陸上で暮らせる環境が整った。言い換えれば、シアノバクテリアの光合成がもたらした影響はきわめて大きかった。事実、生物が強い紫外線を浴びることは死を意味することから、最初は、陸上よりも海中で生命体が誕生したというのは理に叶っている。

　今も紫外線は絶えず地球に降り注いでいるので、日焼けや皮膚癌を引き起こすなど人体に悪い影響を及ぼしている。しかしながら、現実には人類は外を出歩いている。それができるのは地表から 20 ～ 50km 上空のオゾン層が多くの紫外線を吸収してくれるからだ。オゾン層を形成するオゾンは酸素原子 3 個からなる分子で、これはシアノバクテリアの光合成によってできた酸素が紫外線の作用で生じたものである。

　微生物の光合成によって酸素が放出されると、大気中に含まれる酸素の割合は徐々に増していった。地球物理学者によれば、現在の地球の酸素含有量を 1 としたとき、20 億から 10 億年前の地球の大気中に含まれる酸素量はたった 1 ％しかなかった。それが 7 億年前に 5 ％に増え、5 億年前には 50 ～ 70％に急上昇し、今から 3 億年前に現在の大気と同じ酸素含有量となった。その結果、生きるために酸素を利用する生物が登場したのである。地球に誕生した原核生物は長い年月をかけて多様な進化を続け、15 億年ほど前に「真核生物」が出現し、9 ～ 10 億年前に多細胞生物が誕生した。和名を「古細菌」と呼ぶ「アーキア」は、原核生物から真核生物への進化のカギを握る微生物として、生物学者からきわめて注目されている。

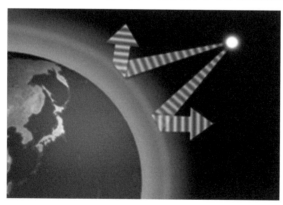

図3　オゾン層（出典　国立環境研究所ホームページ）

生命の進化は微生物のお陰である

シアノバクテリアの光合成のお陰で生物が地上で安全に生活できる環境が

整い、陸上での安全性が確保されると生物は海からつぎつぎに上陸を開始し、5 億年前に光合成に必要な「光」の降り注ぐ陸上には植物が出現した。その後、無脊椎動物が上陸し、動物あるいは植物へと進化していった。脊椎動物が誕生したのは 4 億年ほど前であり、恐竜が登場したのは約 2 億 3,000 万年前であった。その後、恐竜は姿を消したが、哺乳類鳥類爬虫類は残った。恐竜が絶滅した理由は諸説あるが、有力説としては、6,600 万年ほど前に巨大な小惑星もしくは彗星がメキシコのユカタン半島沖の海底に衝突し、この世界が一度は終わった」という仮説だ。そのとき、地球の生命体の 75% は死滅したと推測されている。

　人類の先祖である「霊長類」が出現したのは今から約 6,500 万年前で、恐竜が絶滅する寸前であろうと推測されている。そして、数百万年前に類人猿と別れた人類は、独自の進化を遂げていった。

極限環境から発見された「謎の微生物」

　原始地球環境と似た場所に出向いて微生物を探索分離することは、生物の進化のプロセスを知る上で重要だ。地球深部のマントル層の岩石域からは強アルカリ性の水が湧き出ている。そんな環境で生きる「超好アルカリ性微生物」が見つかった。この微生物群は一細胞あたりのゲノムサイズが非常に小さく、かつ、生命の維持と増殖に必須の遺伝子群が欠落しているなど、既知の微生物のゲノム構造とは大きく異なっていた。米国のブラウンらの研究チームは、2015 年、分離した微生物のリボソーム RNA 遺伝子を解析し、謎の生命体である「Candidate Phyla Radiation（CPR）」という細菌群に注目した。CPR は今のところ培養法は確立していないが、細菌類の 15% 以上を占めると推定されている。真正細菌と比べると CRP はきわめて小さく、かつ、独特なゲノム構成をしている。ゲノム解析結果から判断すると、物質やエネルギーの中心的代謝経路である TCA（トリカルボン酸）回路や電子伝達系は持たず、しかも、核酸とアミノ酸を合成する能力もない。ちなみに、解糖系でつくられた NADH および TCA 回路でつくられた NADH（nicotinamide adenine dinucleotide）および FADH2（flavin adenine dinucleotide）がミトコンドリアの内膜で酸化される（電子が取られる）過程を電子伝達系と呼んでいる。NADH や FADH2 の酸化が行われる電子伝達系と TCA 回路もミトコンドリア内で起こる。解糖系とクエン酸回路で生じた高いエネルギーをもつ電子が、ミトコンドリアのクリステの内膜を通るときに総計 34 個の ATP

（アデノシン 5'- 三リン酸）を生成する。この ATP を使って私たちは身体を動かしたり、食べ物を食べたりするわけで、電子伝達系が動いていなければ生命活動に必要なエネルギーは得られない。

　ゲノム情報から見えてくる CPR の姿は、外界と細胞内とを隔てる壁を持ち、子孫を残す能力はあるものの、エネルギーをつくる能力は持っていない。また、CPR のリボソーム RNA 中には、イントロン（遺伝子を構成する塩基配列のなかでタンパク質の合成に直接関与しない部分）がある。現時点では、CPR は生存戦略や進化的意義が不明の「謎の微生物」である。

真核生物の誕生の鍵となる微生物「アーキア」の培養に成功

　真核生物は、単純な細胞構造の原核生物「アーキア（*Archaea*）」を細胞内に取り込み、共生することによって誕生したと推定されている。共生した細菌はやがて「ミトコンドリア」になった。最近の研究から、アスガルドと呼ばれるアーキアが、真核生物に最も近いと予測されていたが、その存在は環境ゲノム情報でしかなく、実体は完全に謎につつまれていた。

　アーキア（古細菌）は生物の主要な系統の 1 つで、原核生物である真正細菌、真核生物と共に、生物界を 3 界に分類したときの一群である。アーキアには、メタン菌、高度好塩性細菌、高度好熱性細菌などが含まれる。

　2020 年、海洋研究開発機構と産総研の共同研究グループは、アスガルドアーキア（*Asgard archaea*）群に属するアーキアの培養に挑戦し、世界で初めて、その培養に成功したと発表した。そのアーキアは、ギリシャ神話に登場する神プロメテウスにちなみ、プロテオムアーキアム・シントロフィカム MK-D1 と名づけられた。MK-D1 はわずか直径 550 nm（1 mm の約 2000 分の 1）の球状細胞であり、無酸素環境下でのみ生育する。アミノ酸をエネルギー源とするが、生育は他の微生物に依存する。そのゲノム解析により MK-D1 は、真核生物に特有とされてきた遺伝子（例えばアクチンやユビキチンなどをつくる遺伝子）を数多く保有していた。興味深いことに、MK-D1 細胞内には真核生物のような核やゴルジ体（タンパク質の配送センターとしての役割を持つ）はなく、他のアーキアと同じような内部構造を持つ。その一方で、MK-D1 細胞は他のアーキアやバクテリアでは観察されない形態、例えば細胞外部に長い突起構造を形成するほか、多くの小胞を放出するという特徴がある。

Tea time　日本の科学者が発見した超好熱性細菌

　アーキアの一種 *Thermococcus kodakaraensis* KOD1 は、当時、京都大学の今中忠行教授により、鹿児島県小宝島の硫気孔より分離された「超好熱始原菌」で、生育の至適温度は 80℃以上である。本菌は 65℃〜 100℃という高温で生育する嫌気性菌であり、硫黄呼吸や発酵を行い、アミノ酸や多糖類を資化する。また、16S rRNA の塩基 を解析した結果、KOD1 株は進化系統樹の根元付近に位置する単純な生命体である可能性が示唆された。地球にいるすべての生物が唯一の祖先から進化してきたと考えるとき、この最終共通祖先を LUCA (Last Universal Common Ancestor) という。図 4 に生物の 3 つドメイン（界）を構成する、真核生物（動植物、菌類）、原核生物（真正細菌）、古細菌（アーキア）の関係を示した。

　KOD1 ゲノムの塩基数は 2,088,737 bp（大腸菌の半分以下）で、遺伝子数は 2,306 であった。超好熱性菌の細胞膜は独特の機構で安定化している。その細胞膜のエーテル型脂質の構造は炭化水素鎖とグリセロールがエーテル結合を介しているが、炭化水素は従来の直鎖状分子ではなく、イソプレノイド型である。エーテル型脂質はエステル型脂質と比べて化学的に安定であり、極限環境微生物が生息するような温度や pH ではきわめて有利だ。また、飽和イソプレノイド鎖は従来の脂肪酸と比べて硬い。真核生物や細菌の脂肪酸型脂質膜では高温領域でプロトンの透過性があまりにも高く、エネルギー生産に必要なプロトン勾配の維持は困難である。しかし、密度の高いイソプレノイド脂質膜はプロトン勾配を維持することができる。上記の内容を簡単にまとめると、地球で初めての生物は深海で熱水を吹き出す「熱水噴出孔」のような場所で誕生し、極限生活に耐えられる細胞構造をしていた。

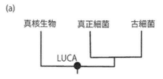

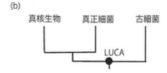

図 4　LUCA: 共通祖先

火星に微生物は存在するのか？

　近年、地球以外の惑星に「生命体がいるのかもしれない」と期待されているのが火星だ。地球の極限環境で生きる微生物が存在するのだから、火星にいても不思議ではないと考えてもよさそうである。未だ結論は出されてないが、「もしも生命体が生存しているならそれは地下だろう」というのが、宇宙科学者の考えである。少なくとも、火星の地表は生命に適した環境ではないからである。

　米航空宇宙局（NASA）の火星探査車「パーサビアランス（Perseverance）」は、日本時間 2021 年 2 月 19 日の早朝火星への着陸に成功したと、NASA が発表した。火星表面への着陸は難易度が高く、「恐怖の 7 分間」と呼ばれていた。パーサビアランスは、今後数年にわたり火星を探査することを通じて、数十億年前に存在していたかもしれない生命体の痕跡を見つけるミッションを持っている。

　地球を覆う大気層にはヴァン・アレン帯（地球の赤道上空を中心にドーナツ状に取り巻く放射能の強い領域）やオゾン層があり、宇宙から降り注ぐ放射線を防いでくれている。オゾン層のない火星の表面は強力な放射線（宇宙放射線および紫外線）が降り注いでいる。放射線は生物や DNA を傷つけるだけでなく、土壌中にいる微生物でも殺菌してしまうほどの威力がある。その点、地下は放射線を遮蔽できるし、凍った水があるのかもしれない。火星の 最低気温は マイナス 140℃、最高気温は 20℃と推定されているが、地下は寒暖差の穏やかな変化が期待できる。

　最近、火星のクレーターの淵で、何かが流れたような多数の跡が見つかった。RSL（Recurring Slope Lineae）と呼ばれるこの現象は、日向の斜面で毎年夏に観測され、冬になると消える。その正体は未だわかっていないが、流水、もしくは流砂だと推測する研究者もいる。いずれにしても、流れが生ずる過程には水の関与も想像され、その水の中に生命がいるならば、とても神秘的な発見である。

　2018 年に逝去された高名な宇宙物理学者スティーブン・ホーキング博士は、「人類の未来」に関するスピーチのなかで、気候変動と感染症の増加などが地球上の人類に大きな脅威をもたらすだろうと予測している。彼は、2016 年 11 月、「人類は今後 1,000 年以内に新たな惑星を見つける必要がある」と述べたのだが、その翌年には「100 年以内」と短縮した。それに加えて、

50 年以内に人類は火星に到着するであろうとも述べいる。実現すれば、人類は火星でも微生物と出逢うかもしれない。

　最近、東京薬科大学の山岸教授と JAXA の研究グループは、宇宙ステーション（ISS）利用実験において、放射線（ガンマ線）を照射して滅菌した缶詰から見つかった細菌（デイノコッカス・ラジオデュランス）が、紫外線に曝されても数年間は生き続けることを実証した（毎日新聞 2017/5/23 記事）。それから判断すると、微生物の火星から地球への移動は可能だと思われ、地球の微生物がもともとは火星から来た可能性もあるとの推測は成り立つのかもしれない。今後の火星探索計画の実行で、思ってもみない真実が分かることに期待したい。2020 年 10 月 24 日の毎日新聞に「東京大学の研究チームは海王星上空にシアン化水素が存在することを確認した」との記事が載った。シアン化水素が検出されたということから判断すると、海王星に生命体がいることは絶望的だが、生命を育む地球の存在自体が宇宙の神秘といえるのではないか。

第2章　人類、微生物と出逢う

　古代ギリシャの哲学者アリストテレス（紀元前384〜前322）は、観察と考察に徹した科学者でもあった。生物のなかには「親なしに無生物（物質）から発生するものがいる」と考え、「ウジ虫やハエは腐った食物やゴミから生まれる」と主張した。日本でも「ボウフラがわく」などと表現する言葉があることからすると、わが国の古代人も自然発生説を認めていたのかもしれない。他方、創世記のユダヤ人たちは「生物は神によってつくられたものだ」と考えた。しかし「生物とは何か？」を突き詰めていった結果、動物や昆虫は「親がいなければ子は生まれない」という考え方は認知されていった。だが、微生物の自然発生説はそのまま受け入れられていた。

　ローマ帝国時代にマラリアが大流行し、教皇や枢機卿がつぎつぎに感染したとの記録が残っている。かつて、ローマには水草が茂っている水たまり、すなわち「沼沢地（しょうたくち）」があって、その中央に位置する寺院がバチカンであった。紀元前75年、ロマルクス・テレンティウス・ウァロが著した『農業論』には、「家屋の敷地内に沼沢地があるかないかを知っておく必要がある。沼沢地には目に見えない小動物が発生して大気中に飛散し、ヒトの喉や鼻腔から体内に侵入して重い病気を引き起こす」と記されている（橋本雅一「世界史の中のマラリア」藤原書店1991年）。

　マラリアは高温多湿地帯や雨の多い地域で多く発症している。最も感染リスクが高い地域はサハラ以南のアフリカ大陸だが、東南アジア、ラテンアメリカ、中東などを含め世界91の国や地域でもマラリアが確認されている。先進国であっても輸入マラリアには警戒すべきである。

　マラリアは「マラリア原虫」に感染することで引き起こされる病気だ。熱帯熱マラリア原虫や四日熱マラリア原虫がヒトに感染すると、マラリアに罹患することは古くから知られている。さらに、近年、サルにしか感染しないと思われていたマラリア原虫がヒトに感染することがわかり、世界で感染例も複数報告された。実は、マラリアはヒトからヒトに感染するのではなく、「ハマダラカ」という蚊が媒介する。マラリア原虫は蚊の腸の中に潜んでおり、

メスの蚊が吸血する際に蚊の唾液を介してヒトに感染する。マラリアに感染しているヒトが蚊に刺されると、その蚊がマラリアに感染、別のヒトへ病気を起こす。マラリアの初期症状としては、高熱（38℃後半から40℃）にともなう悪寒、頭痛、筋肉痛、関節痛、下痢、嘔吐などを引き起こす。症状が重くなると、意識障害・低血糖・腎障害・多臓器不全といった症状がでることがある。妊婦や小児など、免疫力の弱いヒトは重症化しやすいために注意が必要である。マラリア原虫の種類によって、感染から症状が出るまでの潜伏期間が異なるが、多くは数週間以内に発症する。しかし、三日熱マラリア原虫や卵形マラリア原虫の場合には、感染したマラリア原虫が肝細胞で眠り続け、長期間を経て発症した症例もある。

　このように、病原微生物が発見されるよりも2000年ほど前に、人類はマラリアと目に見えない生物とを関連づけていたことになる。だが、パストゥールが19世紀に自然発生説を完全否定するまで、世界の人々はアリストテレスの思想を受け入れてきた。言い方を換えれば、欧州を中心に発達した近代自然科学はアリストテレスの思想を受け継いでいたので、欧州の大学でさえ、自然発生説は否定されずに受け入れられていたし、神による生命創造説はキリスト教の影響で疑義はなかった。アリストテレスがこの世を去ると、科学者の間で一気に生命の自然発生説の議論が高まっていったのだが、その完全否定には至らなかった。

微生物を世界で初めて観察したレーウェンフック

　微生物の存在を初めて観察した人物はアントニー・レーウェンフックであることは最初に述べた。16歳で呉服商の見習いとなり、その6年後に故郷で念願だった呉服商の店主となった彼が営業の一環として、繊維の質を確認するために「虫めがね」を使っていたことが、生物に関心を持つきっかけとなった。そして、小さな生き物を観察するため高倍率の虫めがねが必要となり、レンズ磨きや金属加工技術を専門家から指導を仰ぎ、ガラス、水晶、ダイヤモンドまでも研磨する技術を習得した。レーウェンフックは異常なまでの執着心でガラス磨きに精を出し、ガラスを磨いてレンズにすると肉眼でみるよりはるかに大きく見えることを体験した。最初は50-60倍程度の「虫めがね」だったが、最終的には最大倍率270倍の顕微鏡を完成させた。そして、自作の顕微鏡で各種生物の形態をスケッチし、その感想を報告書として綴った。正式な科学教育は受けていなかった彼だが、友人の医師ライネル・

デ・グラーフの支援で1673年から約50年間も観察結果を英国王立協会へ送り続け、次第にその業績が認められるようになった。レーウェンフックは、赤血球、筋肉の横紋、昆虫の複眼、動物の精子なども精力的に観察する生活を続け、91歳で生涯を閉じた。彼の最大の功績は「目には見えないが地球には微生物が存在する」というパラダイムシフトを起こしたことだ。

図5　レーウェンフック

Tea time　顕微鏡の分解能

顕微鏡は対象物を拡大して観察する道具なので、性能の優劣を示すための指標として拡大率（倍率）は必要だ。しかしながら、対象物の細部をはっきり識別できることの方が重要である。この能力を「分解能 」と呼びd値で記載し、最も接近する2点を識別できる最小距離 (d) を分解能として表す。驚くべきことにレーウェンフック自作の顕微鏡の分解能は1μmにも達していた。なお裸眼のd値は約0.1ミリ(100μm)であり今の光学顕微鏡のd値は 0.4 - 0.7μmである。

複式顕微鏡と電子顕微鏡の発明

複式顕微鏡を開発したロバート・フック（1635-1703）は英国ライト島に生まれ、18歳でオックスフォード大学に入学、のちにロバート・ボイルの助手となった。ちなみにボイルは、かの有名な「気体の体積は圧力と反比例する」というボイルの法則を見出した科学者である。

レーウェンフックから英国王立協会へと次々に顕微鏡観察した報告書が送られてくるようになると、当時、英国王立協会の機器管理者であったフックは、レーウェンフックの資料の正しさをチェックする役割を担うことになった。だが、フックにはその正しさを確かめる手段がなかった。そこで、一念発起した彼は、使用に熟練を要する「単式顕微鏡」とは違った、誰でも簡単に使える「複式顕微鏡」を開発した。自作の顕微鏡の性能を確かめるため蚊、蚤、昆虫、カビ、コケなどを観察し、精密なスケッチ画を描いた。そして、1665年に著書「ミクログラフィア」を刊行した。また、コルク（コルク樫

木の樹皮）を顕微鏡観察し、コルクを構成するユニットを見つけそれをセル（cell：日本語で細胞）と名づけた。さらに驚くことに、フックは 1672 年にアイザック・ニュートンが光の粒子説を発表したことに対し、光の波動説を主張して 4 年間ほど大論争している。この論争は 20 世紀になってアルバート・アインシュタインらによって再議論され、それが電子顕微鏡の基本原理となったのである。

　ところで、ニュートンは光を「粒子」と考えていたが、「光は波である」と考えた学者もいた。ただ、ニュートン説では光が波のように回折したり干渉したりする現象を説明することはできないが、波動説でも金属に光があたると " 粒子 " が飛び出してくる光電効果という現象は説明できないのだ。そこで " 光の本質 " について時代を超えた論争が繰り返されてきたなかで、アインシュタインは光電効果を唱えた。電子顕微鏡には光学顕微鏡のガラスのレンズに相当する「電子レンズ」がある。電子レンズは電磁石なので磁界をつくる。電子顕微鏡は、マイナスの電気を帯びた電子が電子レンズを通るときに曲がる性質を利用したものである。ただし、電子はそのままで見ることができないので、通り抜けた電子を蛍光板に当て、光った像を見ているのが電子顕微鏡の基本原理である。ちなみに、電子顕微鏡の鏡筒部は真空になっており電子の動きを空気中の分子で邪魔されることはない。

自然発生説の否定に奔走したスパランツァーニ

　ラツァーロ・スパランツァーニ（1729-99 年）はイタリアの科学者である。彼は小さいときから科学に興味を持ち、ハエは腐った肉汁から生まれてくるとの当時の考え方には納得せず、その真実をいつか明らかにしたいと思っていた。パピア大学教授となった彼は生物の自然発生説を検証しようと張り切った。実験法を工夫し、水の中に肉を入れたフラスコを密閉状態にしてから加熱した場合には肉は腐敗しないが、フラスコを開封して空気にさらすと微生物が生育してくることを観察した。しかし、この実験では微生物が空気中から自然発生するという考え方を完全に否定するには不十分だ。なぜなら、密閉することでフラスコ中への微生物の運搬を防いだのではなく、「空気中に含まれる何かが生命の発生に必須であり、それが供給されなかったに過ぎないのではないか」という疑問は残ったままだからである。すなわち、自然発生説を完全否定するためには「培地に新鮮な空気を供給しても、微生物は発生しない」ことを実証する必要があった。そこで、スパランツアーニの実

験の不完全さを補完するため立ち上がったのがパストゥールである。彼は自然発生説を完全否定するための実験装置（白鳥の首型フラスコ；第3章参照）を考案した。

流浪の民と感染症

　紀元前に農耕社会で生きる人類は木の実やキノコを食料として採集し、ウサギや鹿などの動物を捕獲して食べていた。動物や植物の実などを求めて生活場所を転々としていたので、流浪の民は、ときに病気にかかった。数十万年前に始まった人類の各地への移動は約1万年前に完成し、地球のあらゆる場所に人類が住むようになった。当時の食生活は、漁や狩猟から得られる動物タンパク質に加えて、採集した植物から栄養を得ていたことになる。狩猟と採集で生活していた集団は大きくても数十人規模で移動しながらの生活だった。この時期に獲物は豊富にあったとしても、狩猟能力と移動能力には限界があったので、集団の規模は拡大していくことはなかった。

　一万年前の世界人口は数百万人程度と推測されている。狩猟採集民族は感染症や飢餓に常時さらされていたことから、生きていくのが精一杯で生活を楽しむ余裕はなかったのかもしれない。結核、癩病（ハンセン病）、梅毒などの細菌感染症は、小さな集団のなかで流行していた可能性はある。一方、節足動物の体内で増殖し吸血活動によって脊椎動物に伝播されるウイルスを「アルボウイルス」と呼ぶ。熱帯地方では昆虫やダニなどによって媒介されるアルボウイルス感染症が発症することは十分に想像できる。ただし、熱帯アフリカの住人はマラリア原虫に感染していた可能性は高いものの、それらは地方でのレベルにとどまり、全域に大流行することはなかった。というのは、広い地域に流行するほど狩猟民族の集団は大きくはなかったからである。

　農耕社会が発展し文明社会へと移るにしたがい、人間の健康に変化をもたらした。ひとつは農耕が食生活に与えた影響であり、もうひとつは人口増による感染症の拡大である。農耕社会は穀物などの炭水化物からなる栽培植物に依存する割合が高くなり、人口増によってその依存度がさらに高まると、食事におけるタンパク質、ビタミン、ミネラルなどが摂取不足となる。事実、農耕時代に穀物の偏食により脚気とクル病（骨軟化症）が発症している。その時代に歯止めをかけた食品が乳製品であった。ちなみに、紀元前5,000年のバルカン半島や中央アジアでは、遊牧民はヒツジを飼っていた。ある日、水筒替わりにヒツジの腸に詰めていた「乳」が、酸味のある爽やかな風味に

変わっていることに気がついた。酸乳、すなわちヨーグルトの食文化が起きたのだ。しかしながら、当時の人々はヨーグルト造りに微生物が関与していることは、頭の片隅にもなかったことは明白である。ちなみに、その時代、乳は新大陸と東アジア地域ではほとんど消費されなかった。

　人口が集中すると、衛生環境が悪化し食糧の供給が不足するので、感染症の蔓延が加速する。文明地帯が誕生する前の小集団社会において、感染症が維持されるためには中間宿主（媒介する昆虫や動物など）が必要であるが、人口密度がある一定数に達すると、人間同士で感染しあい、中間宿主を必要としない病原体による感染症が優勢になってしまう。このような現象は、都市化によって新しく生じる。

　かつて、人々は病気を天罰とか悪霊の仕業だとかと考え、身体にとりついた苦しみを追い払おうと天に向かって祈った時代があった。それを追い払う役目は祈祷師や呪術師と呼ばれる人物が担った。こうして病気の治療と宗教とが深くかかわるようになっていった。しばらくすると、「医食同源」という考え方が中国で生まれ、植物の葉や根の摂取で病気が治せることを学んだ。これが漢方医療へと繋がった。

第3章　細菌学の発展

　小学生のころ、「発明王トーマス・エジソン」や「密林の聖者アルフレッド・シュヴァイツァー」をはじめ科学者たちの伝記を手当たり次第に読んだ。そのなかで、私は「感染症の発見と予防と治療法の開発」に生涯を捧げたフランスの科学者ルイ・パストゥール（Louis Pasteur）の生き方に共感し、将来、ヒトの役に立つ科学者か技術者になりたいと想ったものである。

パストゥールの履歴書
　ルイ・パストゥールは 1822 年 12 月 27 日、フランス東部の街ドールに生まれた。彼の父はナポレオン軍の下士官だったが、復員後は皮革のなめし業を営んでいた。「この世で富みを得るより、人間としてどう生きるか」を考える父の影響を受けたのか、ルイもまた、実直な性格の持ち主だった。彼は幼いころから絵描きの才能を発揮し、13 才の頃には見事なパステル画を描いていたので、周囲はルイが画家になるものと信じていた。しかし、両親はこの道では成功しないだろうと、画家への道を決して勧めなかった。その代わり、16 才の彼にエコール・ノルマル・シュペリオール（国立高等師範学校）への入学を奨め、進学予備校に通わせた。ところが、パストゥールはホームシックに罹ってしまい、いったんは故郷に戻り、画家を目指そうとした。だが、故郷で過ごそうとした決心は長続きせず、結局、エコール・ノルマルを 20 才で受験し、16 番の成績で合格した。その成績に不満だった彼は、その年の入学を辞退したが、翌年に再挑戦して、上位の成績で入学を果したという逸話が残っている。

パストゥールの最初の研究
　パストゥールが成し遂げた最初の業績は、じつは微生物学ではなく、結晶学の分野だった。酸敗したワイン（醸造に失敗して酸っぱくなったワインのこと）が詰まった樽の内側には酒石酸の大きな結晶に混じって針状結晶ができることがある。彼は結晶の形状を熱心に観察し、「結晶に形の違いはある

ものの左手と右手の関係のように、互いに重ね合わせはできないが鏡像関係にある」との答えを導き出した。すなわち、結晶の形に基づいた「立体化学」を確立したのである。その身近な例を示そう。アミノ酸に光を当てると光は左または右に曲がる。光を右に曲げさせるアミノ酸をL型アミノ酸と呼ぶ。だが光を左に曲げるD型アミノ酸も存在する。「味の素」のグルタミン酸ソーダはL型で舐めてみると「旨味」を感ずるがD型グルタミン酸には「旨味」はなく、反対に苦味を感ずる。このように、自然界には立体的には鏡像関係にあるD型とL型の分子が存在することをパストゥールが発見、彼の博士論文となった。ちなみに、酒石酸の大型結晶はL型で針状型結晶はD型である。パストゥールが酒石酸の結晶に2つの型があることを発見したときには、「大発見だ、大変だ。とても嬉しくて体の震えが止まらない」と興奮しながら実験室から飛び出していったという。

パストゥール第二の業績

　結晶学で名を馳せたパストゥールは1854年にフランス北部の街リールに新設されたリール大学の教授および理学部長として赴任した。当時のフランスはナポレオン戦争が原因でショ糖（砂糖）の輸入が途絶えてから、リールが甜菜糖（砂糖大根に含まれる糖）を利用した酒精工業の中心地となっていた。醸造業者からアルコール発酵の失敗の相談に乗ったことをきっかけに、乳酸発酵やアルコール発酵の研究に力を注ぎ、発酵現象のすべてに微生物が関わっていることを突き止めた。

　ワイン製造中に雑菌が混入することは、気をつければ被害を最小限にとどめられるものの、完全に防止することは難しい。ちなみに、微生物学では雑菌が混入することを「コンタミする」という。問題は微生物が製品にコンタミしてしまった場合、それ以上はコンタミした微生物の増殖をさせないよう阻止するしかない。パストゥールは、最初に防腐剤を考えたが、ヒトに安心安全な防腐剤を思いつかなかった。そこで、雑菌を殺すために「加熱」を利用しようと考えたのだ。ただし、ここで問題なのは、ワインを加熱すると、温度条件と加熱時間によっては風味と香りが失われてしまうことだ。実験を繰返し行った結果、ワインに含まれる空気を除いて熱処理すれば、55℃で加熱してもワインの風味が変わらないことを実証した。これを「パストゥリゼーション（低温殺菌法）」と呼んでいる。この原理は、食品や牛乳などの味を変えることなしに長期保存できる方法として広く用いられている。例え

ば、牛乳は食品衛生法に基づく乳等省令に基づいて殺菌される。日本の乳等省令で「63℃で 30 分間加熱殺菌するか、またはこれと同等以上の殺菌効果を有する方法で加熱殺菌すること」と定めている。

　パストゥールは、さらに「生きた酵母が葡萄の搾汁液に存在しなければ、アルコールが生成されない」ことを証明した。それに加えて、ワイン製造に失敗してときどき酸っぱい味のワインができるのは、果汁に酵母以外の雑菌がコンタミしたことが原因であることも突き止めた。しかも、微生物の存在下で生ずるアルコールや酸っぱさの原因となる乳酸は、微生物の代謝活動によって生じたものであるとした。

　リールの街で発酵現象に関する業績を積んだパストゥールは、1857 年、エコール・ノルマルの教授として招聘された。まさに栄転である。パリに戻ったパストゥールは、古代ギリシャの哲学者アリストテレスが提唱した「生命の自然発生説」を否定する見事な実験を計画し、実行したのであった。

　この時代はまだ、神が万物を創造したとの宗教的思想が支配しており、ボロ布や肉汁からハエや蛆虫が発生するという、いわゆる「自然発生説」に国民は疑問を持っていなかった。

　パストゥールの華麗な実験とは、フラスコに入れた肉汁を煮沸後に、白鳥の長い首と頭をつくるように、そのフラスコの首を引き延ばして S 字型の「白鳥型フラスコ」をつくった（図）。一目瞭然、斜めに引き延ばされたガラス管をコンタミ菌が上っていって丸形フラスコに入れた肉汁に落下することはない。たとえ、煮沸したあとにフラスコの栓をとって肉汁を空気に触れさせても、空気中の微生物が入らない限り、肉汁は腐敗することはないことを証明した。さらに、空気中には肉汁を腐敗させる微生物がいることも示した。この見事な実験を通して、スパランツァーニでさえ完全には否定できなかった「自然発生説」をみごとに否定したのだった。

写真 9　パストゥール

写真 10　1996 年の
マダガスカル切手

図 6　白鳥型のフラスコ

狂犬病ワクチンの開発

　何といっても、パストゥールの名を世界に轟かせたのは、「狂犬病ワクチンの開発」だ。当時、イヌやオオカミがヒトや動物を噛んだあとに発病する狂犬病は世界の人々を恐怖に陥れていた。狂犬病がウイルス感染によって発症することは今や常識だが、ウイルスの存在がまったく知られていない時代であった。

　噛まれた傷口から感染する狂犬病は、発症までに 10 日 - 20 日ほどの潜伏期間がある。最初は発熱や頭痛が生じ、その後、口や喉が痙攣し、水が飲めなくなる。水を見たり、想像したりするだけでも、痙攣が起こるので、「恐水病」とも呼ばれている。やがて、筋肉が麻痺し、呼吸器が麻痺して、死亡する。発病したら 100%死亡してしまう感染症が狂犬病なのだ。パストゥールが狂犬病研究に着手した理由はよくわからないが、決して名誉欲ではなく、狂犬病の撲滅を心から願っていたからに違いない。

　狂犬病の研究を開始したのは、1881 年、イヌの頭蓋骨に穴をあけ、狂犬病の毒素を脳の表面に接触させるだけでイヌは狂犬病を発症した。もちろんウサギも発病させた。不思議なことに、狂犬病の毒素は間違いなく脳や脊髄で増えているにもかかわらず、病原体は顕微鏡でも観察できなかった。

　パストゥールは、発病して死んだウサギの脊髄をガラス容器に放置しておくと、空気中の酸素の影響を受けて、病毒素としての性質が弱まることを発見した。さらに 2 週間放置した脊髄組織をイヌに接種しても、そのイヌには害が表れなかった。狂犬病を発症したイヌに 13 日間放置したウサギの脊髄組織を注射し、以後、徐々に放置時間を短くして作成した脊髄組織を注射していった。そして、最終的には、狂犬病で死んだばかりのウサギの新鮮な脊髄組織を注射したが、そのイヌは発病しなかった。結局、このイヌは弱毒化された毒素を毎日注射されるごとに免疫力が高まって、15 日目に新鮮な毒素を投与されても、もはや大丈夫な免疫力を獲得したのである。このようにして、狂犬病のワクチンの開発に成功した。

　1885 年 7 月 6 日の朝、9 才の少年ジョセフ・メイスターが 2 日前にアルザス地方で狂犬に噛まれ、母親と犬の飼い主に付き添われてパストゥールのもとにやってきた。パストゥールは緊急事態と判断したが、狂犬病の毒素をヒトに注射するのをためらった。深く悩んだ挙げ句、弟子のグランシェル医師に相談した。弟子はこの事態がただごとではなく、放っておけば子どもが

100％死ぬことを説明し、パストゥールの決心を促した。そして、弟子によってその弱毒素が少年に注射された。そして、毎日少しずつ毒性の高いウサギの脊髄を注射し、最終的には7日でウサギを殺す能力のある脊髄を与えた。その結果、少年は元気を取り戻し、故郷のアルザスに帰っていった。メイスターは心から感謝し、大人になって研究所の門番としてパストゥールに仕えた。彼はパストゥール先生の第一号患者であったことをいつも皆に自慢していた。第二次世界大戦のさなかドイツ軍が押しかけ、パストゥールの墓を開くよう強要されたとき、メイスターは嘆き悲しみ、自殺をもって抗議した。これは彼が治療を受けた50年後のできごとだった。

　二例目は、ジャン・バティスト・ジュピーユという15才の少年だった。彼は羊飼いで6人の仲間と羊番をしているときに狂犬に襲われた。年長のジャンは年下の子どもたちを守るためにそのイヌに立ち向かった（写真

写真11 パストゥール研究所の正門付近に立
つ狂犬病の犬と戦った少年の像

11)。格闘の末、そのイヌを殴り倒したが、残念なことに少年は両手に深い噛み傷を負ってしまった。パストゥールはその知らせを聞きつけ、急いで少年をパリに呼び寄せた。噛まれた6日目から注射が開始され、みごと発病から免れて帰っていった。この勇敢な少年の銅像がパストゥール研究所の正門付近に立っている。

　これらのできごとはフランス科学アカデミーに報告され、人々に大きな感銘を与えた。ロシアからも教会の司祭と19人の農夫がやってきて狂犬病の治療を受けた。完治の知らせを耳にしたロシア皇帝はパストゥールに賛辞を与えるとともに、パストゥール研究所

の開設にあたって多額の寄付を申し出た。

　晩年のパストゥールは「脳出血」で倒れて半身不随となり、心臓も弱っていた。狂犬病ワクチンを開発した世界的業績に報いようと、フランス科学アカデミー（学士院）は、パリに狂犬病治療のための病院を設立し、それを「パストゥール研究所」と名づけることを満場一致で可決した。ロシア皇帝、フランス議会と財界からの寄付のほか、労働者や学生、トルコやブラジルからも多額の寄付が寄せられた。そして 1887 年 11 月 14 日、パリ 15 区ドクター・ルー通り 28 番地に研究所が建てられた。1894 年の秋、パストゥールは尿毒症で重体になり、一旦は持ち直したものの、翌年 9 月 28 日に 72 歳の生涯を閉じた。彼の亡骸（なきがら）は研究所本館の一室に眠っている（川喜田　愛郎 著：岩波新書　引用）。

　しかしながら、パストゥールが生きた時代には、狂犬病がウイルス感染により発症する病気であるとは頭の片隅にもなかったのである。すなわち、「細菌より小さな微生物が存在する」との概念は当時存在しなかった。彼は医師ではなかったが、医師以上に感染症の予防と克服に生涯をかけたことに私は畏敬の念を抱いている。

感染症の原因菌を発見したコッホ

　2001 年、米国テレビ局や出版社ならびに上院議員に対し炭疽菌が封入された容器の入った封筒が二度にわたり送りつけられた。いわゆる、米国炭疽菌バイオテロ事件である。炭疽菌によるこの事件で 5 人が肺炭疽を発症し死亡したほか、17 名が負傷した。この事件は、同時多発テロ事件の 7 日後に起き、アメリカ合衆国の人々を恐怖に陥れたのだった。ちなみに、同時多発テロ事件ではニューヨークの世界貿易センタービルにハイジャックされた旅客機が衝突し、ビルは炎上しつつ崩れ落ちた。ワシントンにある国防総省も標的になったこのテロ事件では日本人 24 名を含む約 3000 名もの人々が犠牲になった。

　炭疽の病原体は炭疽菌（バチルス・アンスラシス：*Bacillus anthracis*）である。通常は動物の体内で増殖するが、自然環境では熱と乾燥に強い芽胞（胞子）を形成して、宿主への感染を待っている。炭疽菌に感染した動物の血液、体液、死体などで汚染された土壌が口につくと感染することがある。また、感染した動物の肉を食べて感染することもある（経口感染）。また、炭疽菌を吸入することで感染（吸入感染）することもあり得る。かつて、羊毛や毛皮

の取扱業者の発症が確認されているが、ヒトからヒトへ感染することはない。

　炭疽菌を世界で最初に見つけたのがローベルト・コッホ（1843-1909）である。彼は 1843 年 12 月 11 日、ハノーヴァー王国（いまのドイツ）のクラウスタールで生まれた。父は鉱山技師であった。幼いときから鉱物や植物や昆虫を採集するのが好きだったが、最終的には医師を志し、ゲッチンゲン大学医学部に入学した。卒業後ハノーヴァー近くの診療所の医師やプロシアで開業医となったのち、ドイツのウオルスタインで衛生技師に採用された。その地で「炭疽」を研究し、世界的名声を手に入れた。炭疽はおもに動物の病気であるが、稀に動物を介してヒトに感染することがある。炭疽菌がつくる毒素で全身の細胞組織が破壊され、血中に侵入すると敗血症で死に至る。コッホは、炭疽で死んだ動物の一部を健康なウサギの血液の中に浸けたところ、炭疽で死んだ動物と同じ細菌がその血液中で増えることに気がついた。そこで、ウサギの血液で培養した炭疽菌を別の新鮮な血液で培養し、健康なマウスに接種して、みごと炭疽を引き起こすことに成功した。コッホが炭疽の病原体を初めて見つけた学者なのだが、炭疽病を起こす因子が初めから血液中にあると信ずる人から見れば、当時、コッホの実験では納得できないのも確かだった。

　そこに登場したのがパストゥールであり、炭疽菌が尿中で増殖することを示したほか、細菌を通さない膜で培養液をろ過し、その濾液をウサギに投与

写真 12　ローベルト・コッホ

した実験を行い、炭疽に罹患しないことを検証した。さらに、フラスコで培養した炭疽菌の培養液を静置すると上清と沈殿物に分かれるが、炭疽を発症させる因子は沈殿物中に含まれることを明らかにした。これが病気の原因が微生物であることを示したパストゥールの業績である。この一連の炭疽の研究論文を発表したのが 1877 年で、パストゥール研究所開設のちょうど 10 年前であった。パストゥールによる自然発生説の完全否定に関する学説が認められたころにコッホは登場したが、当時はまだ、伝染病への微生物の関与ははっきりしていな

かった。

　1880年、コッホは結核の病原体を発見した後、アジアで発生したコレラ
を調査するために海外遠征隊を組織し、コレラ病原体の発見に尽力した。コッ
ホは1885年にベルリン大学の教授となり、しばらくして、伝染病研究のた
めに新設された「コッホ研究所」の所長となった。ぜんそくを患いながらも、
死の数ケ月前まで研究室に通って患者を診つづけ、66才で生涯を閉じた。

破傷風の治療法を開発した北里柴三郎

　1852、北里柴三郎は熊本県の北里村で生まれ、熊本医学校と東京大学医
学部を卒業した。ちなみに、北里柴三郎が1914（大正3）年に創設した北
里研究所の50周年記念事業の一環として、1962（昭和37）年に北里大学
衛生学部（化学科・衛生技術学科）が設置された。

　北里柴三郎が生きた時代は日本の衛生環境は最悪で、国内各地で赤痢や腸
チフスが多発していた。北里がコッホ研究所に留学して最初に手がけた仕事
は、破傷風菌の純粋培養であった。土に埋もれた古クギなどを踏んだときに
破傷風菌に感染することがある。事実、破傷風は素足の農民や兵隊に多く発
症した感染症である。

　世界で最初に破傷風の原因菌を発見したのはコッホだが、まだ誰も患者か
ら破傷風菌を取り出し、培地中で増殖させることはできなかった。北里は破
傷風に罹った患者の膿（うみ）をネズミに接種したのち、感染ネズミの血液
から原因菌のみを分離する実験を継続した。難しかったのは、破傷風菌は増
殖するが、他の菌も同時に増殖してしまうことから、破傷風菌は他の細菌と
共生しなければ生きられないという学者もいた。その細菌だけを純粋に取り
出し単独培養に挑戦する北里を嘲
笑する声の中で、北里はシャーレ
に入れたゼラチンが固化した培地
に注射針を突き立ててから、針の
周辺に菌を植えた。その結果、破
傷風菌が増え、しかも、その細菌
は針の深いところに向かって増え
た。そして、針先に破傷風菌の凝
集体を見つけたのだった。これら
の観察から、彼は破傷風菌が空気

写真13 若き日の北里柴三郎博士

を極端に嫌うことを知った。また、細菌が入ったシャーレを熱処理してゼラチンを溶かすと、他の菌は死んでも破傷風菌は生きることもわかった。こうして、北里は破傷風菌の純粋培養に成功し、この菌が耐熱性であることを見つけた。さらに、北里は破傷風菌が毒素を分泌することを発見し、破傷風の血清療法を確立した。

　コッホ研究所に留学していた北里は明治 25 年に帰国し、伝染病の基礎研究と予防治療法を確立するために創設された国立伝染病研究所の研究所長となった。しかしながら、伝染病研究所は合理化のあおりを受けて、内務省から文部省に移管されてしまったことから、北里は所長職を辞し、私財で研究所を創立し、それを「北里研究所」と名づけた。さらに福沢諭吉と共に慶應義塾大学医学部をつくる際にも尽力した。ちなみに北里研究所で研究者として働いていた志賀潔は赤痢菌を発見した。

梅毒の原因菌スピロヘータの純粋培養を成功させた野口英世

　野口英世が医師であり、世界的に著名な研究者であることは世間に広く知られている。だが、彼が黄熱病の研究者であることは知っていても、その病原体が間違ってスピロヘータであると報告したことは余り知られていない。あとになって、黄熱病はウイルスが原因だと判明したのだがその時代にはまだ地球には細菌よりきわめて微小な病原体がいるとの発想はなかった。

　野口博士は 1876 年 11 月 9 日に福島県翁島村に生まれた。本名は清作と言い 2 才のときに誤って「いろり」に落ち、左手の親指は手首に、中指は手のひらに癒着してしまうほどの深刻な火傷を負った。野口は小学校の成績がきわめて優秀で、16 才の時に受けた火傷の手術が成功して報われたことも医師を志す動機となった。彼は大学医学部を卒業して医師免許を取得したのではなく、医院に住込みで働きながら猛勉強をして医師国家試験に検定合格した。しばらくして野口は清作から英世に名前を変えている。

　1898 年、野口は、北里柴三郎が率いる国立伝染病研究所（現在の東京大学医科学研究所）の助手に採用されたが、1900 年に渡米、カーネギー研究所の助手となった。その後、ロックフェラー研究所に移った野口は、1911年、梅毒を引き起こす細菌「スピロヘータ」の純粋培養に成功したのである。1913 年には、梅毒で死んだ患者の脳と脊髄からスピロヘータを発見し、これが彼の輝かしい研究業績となった。スピロヘータは螺旋状の形態をした細菌で、この学名は「コイル状の髪」を意味するギリシャ語に由来している。

梅毒は性病の1種であり、発症すると誇大妄想などの麻痺性痴ほう症を生ずることがある。

Tea time　最近の日本で梅毒患者が急増中

梅毒は、1999年、全世界で推定1200万人の新規感染者を出したと考えられており、その90％以上は発展途上国での感染であった。日本では、戦後間もない時期には20万人以上の患者がいたが抗菌薬の普及で大幅に減少していった。しかし、2010年以降、梅毒報告数は増加傾向であり、2018年の年間累積報告数は6,923人と増加の一途を辿っている。2022年に国立感染症研究所が発表した結果によると、2022年初めから7月3日までの半年間に報告された梅毒患者は5615人にのぼる。昨年同期は3429人だった。梅毒を放置すると、最悪の場合、大動脈瘤（だいどうみゃくりゅう）形成及び破裂・進行麻痺・認知症などを発症する。

野口は、もしもスピロヘータ（*Treponema pallidum* subspecies *pallidum*; TP）を除去できれば精神病を治療できるかもしれないと考えていた。その後、野口の報告に従って多くの研究者がスピロヘータの純粋培養に挑んだが、誰も成功しなかった。梅毒はスピロヘータの一種の梅毒トレポネーマという細菌が感染することで起こる感染症で、性行為により粘膜や皮膚の小さな傷から感染すると、性器や肛門口にしこりができたり、全身に発疹が現れたりするが、一旦症状が消えるため治ったと間違われることがあり、発見が遅れるリスクがある。検査や治療が遅れると、ときに、脳や心臓に重篤な合併症を起こすことがある。なお、梅毒はエイズウイルスの感染リスクを高める可能性がる。最近、わが国では、梅毒患者は男女ともに増加している。特に2014年以降、患者数は急増し、女性の患者数が増えている。男性は20歳代〜40歳代、女性は20歳代で増加している。

野口は梅毒の原因菌をスピロヘータの感染と発表したが、当時、その間違いを指摘する研究者もいた。科学の世界では新発見の功を焦るあまり間違ってデータを解釈したり、恣意的にデータをねつ造したりする研究者のいることは否定できない。だが、野口にしかできない熟練した技術でスピロヘータの純粋培養に成功したとすれば、賞賛に値する功績を世の中に残したことになる。ちなみに、梅毒スピロヘータの試験管内での培養に成功したヒトは未だいないが、ウサギの睾丸内で培養できる。1998年に梅毒スピロヘータの全ゲノム配列が決定され

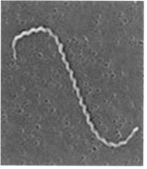

写真14　野口英世 博士　　写真15　梅毒スピロヘータ

た。
　野口がロックフェラー研究所の正式研究員となったのは1914年、その4年後に南米のエクアドルに出張し、「黄熱病の病原体を発見した」と発表した。その際黄熱病の病原体もスピロヘータと断定したのだが、その後の研究で黄熱病はウイルス（フラビウイルス）が原因であることが明らかとなった。奇しくも黄熱病調査のために渡ったアフリカ（ガーナ）のアクラで黄熱病に感染し、1928年に亡くなった。

　北里の創設した伝染病研究所（現在の東京大学医科学研究所）には志賀潔もいて、彼は赤痢菌（シゲラ・ディセンテリエ：*Shigella dysenteriae*）を発見した。なお、赤痢菌の学名（*Shigella*）は志賀の姓にちなんで名づけられた。その後、志賀はドイツに渡って原虫による感染症の1つである「トリパノゾーマ症」に有効な薬剤を開発した。

抗寄生虫薬を開発しノーベル賞を受賞した大村智教授

　北里研究所にはノーベル生理学・医学賞を受賞した大村智教授がいる。彼は静岡県伊東市のゴルフ場の土壌から、放線菌ストレプトマイセス・アベルミティリス（*Streptomyces avermitilis*）OS-3153を分離した。その後、この菌株が寄生虫の駆除に有効な抗生物質「エバーメクチン」をつくることを、米国の製薬企業メルク社と抗寄生虫薬の in vivo 評価法を作出した W. キャンベル博士との共同研究で見出した。さらに、エバーメクチンの化学構造の一部を化学的に変換することで開発された「イベルメクチン」は、蚊やブヨなどが媒介する寄生虫、回旋糸状虫（*Onchocerca volvulus*）によって発症する「オンコセルカ症（河川盲目症とも呼ばれる）」や「リンパ性フィラリア症」などの寄生虫感染症にきわめて有効であることが判明し、現在、世界中で汎用されている。感染性の幼虫は、おもにブヨの刺咬によって皮膚に接種

され、12 - 18 カ月で成虫に発育する。雌の成虫は皮下結節内で最高 15 年にわたり生存、体長は雌虫で 33 - 50 cm、雄虫はわずか 19 - 42 mm である。成熟した雌虫はミクロフィラリアを産み、ミクロフィラリアが皮膚を移行して眼に侵入する。

　大村先生は、大学と企業との産学連携研究を通じ、土壌微生物のつくる抗寄生虫物質を医薬品として世の中に登場させる道を拓いた。実際、熱帯地域で発生率の高いオンコセルカ症を放置しておくと、最悪の場合には失明する。先生は受賞が決まった記者会見の席で「私は微生物の力を借りただけです」と発言され、続いて「科学者はいつも人類のために仕事をしなければなりません」とコメントされた。私はこれを聞いて、研究に対する強い意志、謙虚さ、並びに情熱を大村先生に感じた。それに加え、大学の基礎研究を産学連携で実用化につなげることの重要性を痛感し、自身の今後の研究展開に一石を投じられた感がある。

　結核の特効薬ストレプトマイシンを発見したワクスマン教授と同様に、大村教授がターゲットとした「放線菌」という微生物は、形態的にはカビ（黴、糸状菌）に似ているが、細胞壁成分やタンパク質合成装置であるリボソームは糸状菌や酵母のような真核生物タイプではなく、原核生物タイプであることから、放線菌は明らかに細菌の仲間である。

写真 16　大村 智　北里大学特別栄誉教授

第4章　感染症と抗生物質

　新型コロナウイルス感染症のパンデミック（世界的な大流行）が起きるまでは、ゴールデンウイークや年末年始ともなると、海外旅行を楽しむために国際線エアターミナルは通勤ラッシュ並みに混雑していた。そんな時代、北米やヨーロッパだけでなく、中南米、アフリカ、東南アジアへの旅行者も急増し、日本では通常発生しないような病気を持ち帰る人々が増えていった。

　地球的規模での感染症を取り巻く厳しい変化に対応するため、わが国では、これまでの「伝染病予防法」に替えて、1999年4月1日から「感染症法（感染症の予防及び感染症の患者に対する医療に関する法律）」が施行された。世界の環境変化に対応できるようにと、「感染症法」は2003年10月16日に改正、その後、「結核予防法」と統合された。それと前後して、2002年11月から翌年7月初旬にかけて「SARS（重症急性呼吸器症候群）」感染症が東アジアから世界へと拡散した。さらに鳥インフルエンザ（H5N1）の感染拡大状況と新型インフルエンザが発生した場合の蔓延に備え、感染症法は2008年5月2日にさらに改正された。

　「感染症法」では、症状の重さや病原体の感染力などから、1類から5類までの5種類の感染症に分類している。感染症は、類によって医療機関での対処法も異なり、それぞれの危険度に対応した対策を可能としている。院内感染で発生した薬剤耐性アシネトバクター感染症は5類へ、蚊を媒体とするチクングニア熱は4類に追加記載された。2012年から中東を中心に感染例の報告が持続している中東呼吸器症候群（MERS）や、2013年以降にヒトへの感染が確認されたH7N9型鳥インフルエンザは、その病原性と感染力を考慮し、鳥インフルエンザA（H5N1）と同じ2類に指定された。

細菌感染症と抗生物質

　サルモネラ菌が感染して起きる「腸チフス」や「パラチフス」は、保菌者の糞便によって汚染された食物や飲料水から経口感染する。これら細菌感染症には「クロラムフェニコール」という抗生物質が処方される。

　赤痢菌（*Shigella dysenteriae*）が感染して起きる赤痢の治療には、クロラム

フェニコール、テトラサイクリン（テラマイシン）やアンピシリン（ペニシリン系）などのいずれかの抗生物質が使われる。激しい嘔吐と米のとぎ汁のような下痢便を繰り返し、脱水症状を与える恐ろしい症状が「コレラ」である。コレラ菌（*Vibrio cholerae*）や腸炎ビブリオ菌（*Vibrio parahaemolyticus*）が感染して起きる重篤な脱水症状に対処するため、充分な量の水分を補給するとともに、クロラムフェニコールやテトラサイクリンが投与される。

　扁桃の両側に乳白色の偽膜ができ、顎のリンパ節が腫れて、やがて喉頭まで病変が進むと呼吸困難になる「ジフテリア」は、ジフテリア菌（*Corynebacterium diphtheriae*）の分泌する毒素が原因で発症する。この毒素を中和する（無毒化すること）には、抗毒素血清を注射し、エリスロマイシンあるいはペニシリン系抗生物質を併用する。

　破傷風菌（*Clostridium tetani*）もタンパク質性の毒素テタノスパスミン（tetanospasmin）をつくるため、菌体外に放出するこの外毒素を不活化しない限り、たとえ抗生物質を使って原因菌を殺しても患者は死亡することがある。

　1949 年の国内の「結核」による死亡率は 10 万人あたり 168.8 人であった。ちなみに結核菌（*Mycobacterium tuberculosis*）はコッホにより発見されのだった。かつて国民病とまで呼ばれた結核は、日本の衛生環境や栄養事情の好転と抗生物質の登場によって、1952 年には 82.2 人まで減少した。結核にかかると、① 咳が長引く、② 微熱が続く、③ 痰や血痰が出る、④体重が減少する、⑤ 胸が痛む、⑥ 体がだるくなる、などの症状が認められる。これらの症状によっては風邪と似ているため、咳や痰があっても、単なる風邪かもしれないと自己判断しがちである。

　詩人としての石川啄木は肺結核を患い、1912 年に 26 歳の短い生涯を閉じている。彼は "呼吸（いき）すれば胸の中（うち）にて鳴る音あり凩（こがらし）よりもさびしきその音！" という詩を詠んでいる。抗生物資の無い時代だった。

　ストレプトマイシンは 1943 年に結核の特効薬として発見された。その後、ストレプトマイシン耐性菌が出現し、

感染症法の分類	
分類	感染症名
1類	エボラ出血熱、ペスト、ラッサ熱など
2類	結核、SARS、MERS、鳥インフルエンザ（一部）など
3類	コレラ、細菌性赤痢、腸管出血性大腸菌感染症、腸チフスなど
4類	E型肝炎、A型肝炎、狂犬病、マラリアなど
5類	インフルエンザ、梅毒、はしかなど
新型インフルエンザ等	
指定感染症（政令で指定。最長2年間）	

表1　感染症法の分類

かつ、副作用として難聴を誘発しやすいことから、ストレプトマイシンに代わる次世代の抗結核抗生物質として、カナマイシンやリファンピシンが開発された。

「発疹チフス」は細菌の仲間であるリケッチアが感染して発病する。リケッチアの大きさは 0.3 - 0.5 μm（幅）× 0.3 μm（長さ）で、大腸菌 0.5 - 1.0 μm（幅）× 3.0 μm（長さ）よりも小型である。特筆すべきことに、リケッチアはウイルスと同じく宿主細胞以外では増殖できないことから、「偏性細胞内寄生体」と呼ばれている。リケッチアは、おもにノミやダニなどの節足動物によって媒介される。リケッチアの一種 *Orientia tsutsugamushi* はダニの一種ツツガムシによって媒介され、ツツガムシ病を発症させる。ツツガムシ病は、草むらなどでダニの幼虫に吸着され感染し、発症すると高熱と共に、身体に発疹が認められる。

先に記述した「発疹チフス」は、血圧が低下すると共に、中枢神経障害と循環系障害が起こり、かつては、患者の 10 ％が死亡するほどの恐ろしい感染症だった。だが、テトラサイクリンとクロラムフェニコールが登場したお陰で救命されるようになった。

「肺炎」は 40 ℃を越える高熱と頑固な咳、胸痛、呼吸困難などの症状を示す。原因は① マイコプラズマの感染、② 肺炎桿菌および肺炎球菌などの細菌感染、③ ウイルス感染などである。昭和初期における細菌性肺炎の国内死亡率は第 2 位であったが、抗生物質が登場したお陰で死亡率は下がり、令和の時代は 第 5 位まで下がった。

抗生物質は医師の判断で処方される

風邪を治そうと病院を訪れ受診すると、医師から「では抗生物質を出しておきます」と最後に言われる。実際には風邪の 9 割はウイルスの感染が原因なので、ウイルス性の風邪には抗生物質は無力だ。にもかかわらず、なぜ抗生物質が処方されるのであろうか？それはウイルスが感染すると免疫力が低下する結果、細菌による二次感染のリスクが高まるからである。風邪の症状としては発熱と喉の痛みと倦怠感である。その結果、気力と免疫力も落ち、日和見感染菌に感染しやすくなる。それでも無理して仕事をすると風邪の諸症状は進み食欲と体力も低下する。そんな場合には滋養と十分な休養を取るしかない。風邪をこじらせると、やがて気管支炎となり、最悪の場合には「肺炎」を併発してしまう。

第4章　感染症と抗生物質

　2022年現在、新型コロナウイルス感染症が世界中に拡散し、国内外の航空便数がかなり減便され、旅行は控えざるを得ない状況にある。それまでは海外旅行を楽しんでいた日本人はきわめて多っかたし、外国人観光客も右肩上がりに増えていた。その結果、外国人観光客や海外旅行から帰国した日本人が国内の人々と接触することで、細菌感染症を患うリスクも高かった。

　例えば、海外旅行先で保菌者の糞便を介して汚染された食物や飲料水が原因で、サルモネラ菌（*Salmonella enterica*）感染症を発症することがある。サルモネラ菌の感染は、チフス菌およびパラチフス菌を含むサルモネラ・チフィ（*Salmonella Typhi*）による「腸チフス」と、パラチフA（*Salmonella Paratyphi* A）菌による「パラチフス」である。その治療には、クロラムフェニコール、テトラサイクリン、エリスロマイシンなどの抗生物質が使われる。他方、激しい嘔吐と米のとぎ汁のような下痢便を繰り返す症状は「コレラ」を疑う。コレラの起因菌ビブリオ・コレラ（*Vibrio cholerae*）が感染すると、激しい脱水症状が起こるので、大量の水分を補給するとともに、クロラムフェニコールやテトラサイクリンを投与する。さらに、コリネバクテリウム・ジフテリア（*Corynebacterium diphtheriae*）の感染により発症する「ジフテリア」は、この細菌が産生する「ジフテリア毒素」が原因である。その治療法は、ジフテリア毒素を無毒化するため「抗毒素血清」を注射するとともに、エリスロマイシンやペニシリン系抗生物質を処方する。

　ペニシリンとストレプトマイシンに続いて臨床現場に登場した抗生物質は「クロラムフェニコール」であった。放線菌が産生するこの抗菌剤は、ペニシリンやストレプトマイシンに比べ、多くのグラム陽性菌やグラム陰性菌に効き、リケッチアやクラミドフィラ（クラミジア）にも有効である。これを薬学では、「抗菌スペクトルが広い抗生物質」と呼んでいる。ちなみに、クロラムフェニコールは、かつて発酵法で製造されていたが、いまは化学合成によって製造されている。最悪の場合の副作用は再生不良性貧血を含む骨髄損傷などである。

　4番目に登場したテトラサイクリンは放線菌ストレプトマイセス・オーレオファシエンス（*Streptomyces aureofaciens*）がつくる。この抗生物質も抗菌スペクトルが広く、グラム陽性細菌、グラム陰性細菌、嫌気性細菌だけではなく、マイコプラズマやマラリア原虫にも効果を示す。ただし、テトラサイクリンの使用で骨や歯へ色素が沈着して、歯が黄色や茶色に変色してしまうことがある。

テトラサイクリンに続く5番手として「エリスロマイシン」が登場した。この抗生物質はペニシリンアレルギーの患者に処方されることが多い。マイコプラズマやクラミドフィラ（旧称：クラミジア）などによる呼吸器感染症に効果を示すほか、梅毒や淋病などの性感染症の治療にも使われる。発熱、全身倦怠、頭痛の初期症状を示すマイコプラズマ肺炎は、マイコプラズマ（*Mycoplasma pneumoniae*）の感染によって起きる。小児や若い世代に比較的

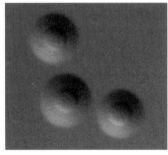
写真17　マイコプラズマ

よく見られ、発症者の8割は14歳以下の子どもである。マイコプラズマは細菌だが、大腸菌や黄色ブドウ球菌のような「真正細菌」と違って細胞壁がないのが特徴である。したがって、ペニシリンのような細菌の細胞壁合成を阻害する抗生物質はマイコプラズマ肺炎には効果がないので、代わりにタンパク質合成を阻害するエリスロマイシンなどが使われる。

　ついでに知っておいて欲しいのは、宿主に寄生することでしか生きられない「クラミジア（*Chlamydia*）」と称する微生物が存在することである。寄生して増える生命体として、生物と無生物との間に位置する「ウイルス」が頭に浮かぶが、クラミジアはウイルスよりも大きくて、細胞壁があり、分裂して自己増殖するなど、真正細菌に似ている。しかも増殖したクラミジアは、宿主細胞を破壊して細胞外に出ると次の宿主細胞に攻撃をかける。

　クラミジア感染症は性病である。男性は尿道炎や陰嚢に痛みや腫れが起こり、女性は子宮外妊娠のリスクが高くなる。この治療には、テトラサイクリン、マクロライド系、「ニューキノロン系」などの抗生物質が使われる。ちなみに、DNA複製酵素（DNAジャイレース）を阻害するニューキノロン系合成抗菌剤は、尿路感染症、腸管感染症、呼吸器感染症など、幅広い感染症に使われている。

　1934年にドイツで開発された「抗マラリア薬 クロロキン」の合成副生成物をヒントに開発された「ナリジクス酸（Nalidixic Acid）」はグラム陰性菌に良好な抗菌活性を示すことから、尿路感染症や腸管感染症に用いられてきた。1962年のナリジクス酸の発見後、キノロン系（キノリン骨格の1ヶ所をカルボニル基で置換した化合物のこと）合成抗菌剤の開発が始まった。1978年には、キノロン環の6位にフルオロ基と7位にピペラジニル基を

有するノルフロキサシン
（NFLX）が登場した。これ
はキノロン系よりも強い抗
菌力を示し、「ニューキノ
ロン」系と呼ばれる合成抗
菌剤の先駆けとなった（日
本化学療法学会雑誌, June,
349-356, 2005）。

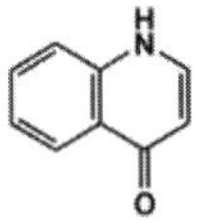

キノロン

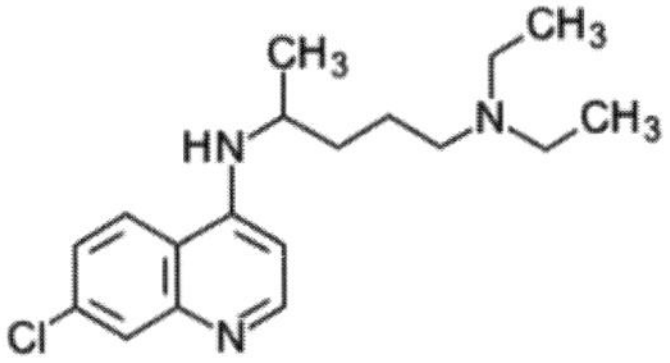

ナジリクス酸

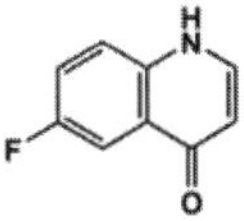

フルオロキノロン
（ニューキノロン）

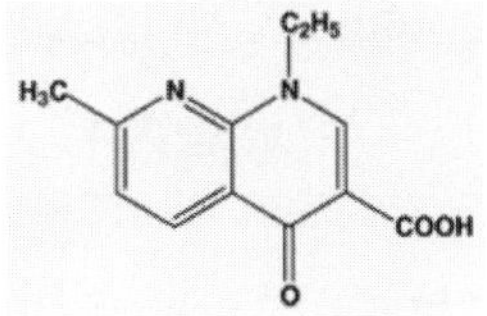

図 9　ナジリクス酸、キノロン、ニューキノロンおよびクロロキン

真菌症と抗生物質

　真菌症とは、カビや酵母が感染して起きる病気で、例えば白癬（はくせん）、
カンジダ症、癜風（でんぷう）などが知られている。癜風は皮膚に存在する
カビ（真菌）の一種 *Malassezia furfur*（マラセチア・フルフル）によって生
じる感染症で、症状としては、おもに体や腕あるいは首などに淡い茶色の斑
点が生じる。

　日和見感染に対する抗真菌剤を選ぶとすると、以下の 5 グループ に限
定される。① amphotericin B に代表されるポリエン系マクロライド、②
cilofungin などのリポペプチド、③ aureobasidi などの環状デプシペプチド、
④ nikkomycin などのペプチドヌクレオシド、⑤ benanomicin、pradimicin
などのベンゾナフタセンキノンである（有機合成化学協会誌　第 51 巻 第 4
号, 327 - 349, 1993）。

　皮膚感染症として頻度の高い足白癬（＝水虫）では、水虫患者の持ってい
る白癬菌が別のヒトに付着して広がる。細菌感染症治療のために抗生物質を
長期に渡って投与すると、身体の抵抗力が弱り、これまで人間に対し害を及
ぼさなかったカビや酵母などの真菌が病原性を発揮することがある。これが
日和見（ひよりみ）感染症で、抗生物質の投与によって菌の交代現象が起き
たためである。免疫機能が低下しているエイズ感染者や臓器移植などで免疫
抑制剤を使っているヒトにも、同現象が認められることがある。白血病患者
の直接の死因の 6 〜 7 ％はカビや酵母によるものと言われている。放線菌が

つくる抗生物質「アムホテリシンB」は、真菌の細胞膜に結合して細胞膜を破壊する結果、真菌を死滅させる。

がんと抗生物質

「がんの克服」は人類の悲願である。がん細胞はもともと正常細胞から出発したものではあるけれど、正常細胞と違って無秩序に増殖していく。梅澤濱夫博士の研究グループは1963年放線菌の特定株が抗がん作用を示す抗生物質を産生することを発見し、その抗生物質を「ブレオマイシン」と名づけた。この抗生物質は、皮膚がん、悪性リンパ腫、精巣がん、扁平上皮がんの治療薬として臨床使用されているが、脱毛や肺線維症などの副作用が認められる。

1964年に発見された「ダウノマイシンやアドリアマイシン（1968年発見）も放線菌がつくる。これらの抗生物質は、急性白血病、乳がん、肺がん、骨肉腫などに対して有効である。ただし、食欲不振、嘔吐、脱毛、白血球や血小板の減少などの副作用が認められる。

1970年には約1兆円であった国内における医薬品の生産高が、1994年には5兆7,000億円にも達した。その中で循環器病薬が9,000億円（1994年）を突破しており、1988年まで第1位を占めていた抗生物質に代わってトップの座を占めている。抗生物質の生産額は1994年には約3,900億円となり、その時点で第5位に転落した。（株）グローバルインフォメーションの調査によると、抗生物質の市場規模は、2020年の441億1131万米ドルから、2028年には592億5324万米ドルに達すると予測されており、依然として微生物医薬としての抗生物質の医療への貢献度は高い。今後も新規抗生物質の開発研究は継続されるであろう。

Tea time　製薬会社の大型合併による医薬品開発費用の捻出

1997年から2007年までの10年間で世界の医薬品市場は約2.6倍もの規模に成長した。日本市場は北米市場につぐ第2位の地位を維持しているものの、2007年のシェアは1997年の約半分。度重なる薬価の引き下げで、グローバル市場からみて日本の医薬市場は抑制されているが世界の売上高の上位100位までの医薬品を起源国籍別にみると、日本発の製品数は13で、アメリカの39、イギリスの14に次いで第3位となっている。日本では数多くの新薬を創出し

ており、世界への貢献度は高くなっている。他産業に比べ、研究開発費の占める割合が大きいという点が製薬産業の大きな特徴として挙げられる。新薬開発のプロセスのなかには、多額の研究開発費と 10 年余りの年月を費やしながら、開発途中で研究を断念せざるを得ないケースも珍しくない。また、開発に要する期間はますます長期化する傾向にあり、9-17 年もかかっている。わが国でひとつの新薬を開発するための費用は約 500 億円と言われている。日本の製薬企業の大手 10 社の平均開発費用は 1999 年で 1 社あたり 433 億円だったものが、2006 年には 858 億円に増大した。こうした背景から、2005 年に山之内製薬と藤沢薬品が合併してアステラス製薬が、住友製薬と大日本製薬が合併して大日本住友製薬が、三共と第一製薬が合併して第一三共がそれぞれ誕生した。近年、医薬品の製造販売は世界中の年間売上高が 8,000 億ドル（約 88 兆円）規模であり、世界レベルで製薬会社が合併し、その巨大企業を中心に新薬の研究と開発にしのぎを削っている。

抗生物質の種類と特徴

　青カビがつくる抗生物質「ペニシリン」は、専門的には「ペンシリン G、もしくはベンジルペニシリン」と呼んでいる。ペニシリン G は「ペニシリンショック」と呼ばれるアナフィラキシーを起こすことがあり、グラム陰性菌にも効くようにと新しいタイプのペニシリン系抗生物質が有機化学の手法を駆使して開発されていった。その一例が「アンピシリン」という半合成ペニシリンで、ペニシリン G にアミノ基を付加した化学構造をもつ抗菌剤であった。

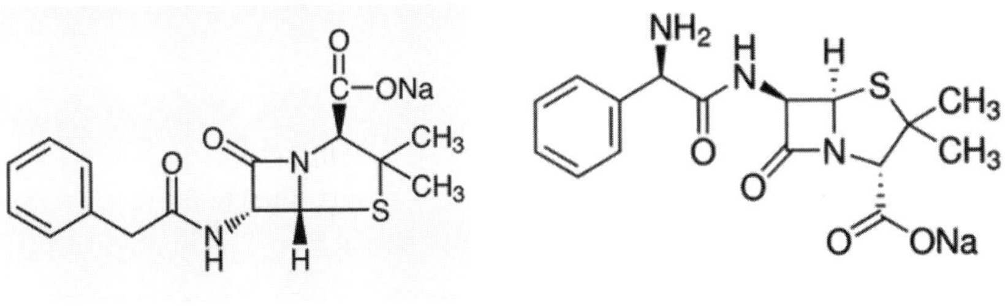

図 10　ペニシリン G（左）およびアンピシリン（右）

移植医療への抗生物質のかかわり

　抗生物質には、細菌、真菌、がん（癌）細胞などの増殖を阻害する作用があるため、感染症やがんの治療薬として使われている。抗生物質の作用を調べてみると、細胞に対する増殖阻害だけではなく、新たな薬理作用もあることがわかってきた。それが「免疫抑制作用」であり、かつては抗生物質としての価値を充分には見いだせていなかったが、免疫抑制剤としてスポットライトを浴びたのだ。そんな理由からか「抗生物質」や「免疫抑制剤」をまとめて「生理活性物質」と呼ぶこともある。

　人間は病気の苦しみから楽になりたい、できるだけ長く生きたいと願ってきた。そうしたなかで、抗生物質の登場は長い間苦しんできた感染症の恐怖から人類を解放し、病気に打ち勝って健康を取り戻すために役立ってきた。だが、同時に、私たちは抗生物質がミラクルドラッグ（miracle drug; 特効薬）ではないことや、すべての疾病を克服したわけではないことを十分に承知しておく必要がある。

　感染症によらない病気、たとえば、生まれた時から心臓の機能が失われて苦しんでいる人は多い。このような病気には抗生物質はまったく無力である。もしも、欠陥のある臓器を健康なものと入れ替えることができれば、その患者は正常な社会生活を過ごせるに違いない。そんな考え方は古くからあり、動物実験を通じて臓器移植が研究され、最終的にはヒトで試された。ただし、昔は「免疫システムの巧妙さ」が分からなくて、医師は移植手術にいつも敗北してきた。

　「免疫システムの巧妙さ」は臓器移植の問題に限ったことではない。自己に対する免疫反応によって、関節リウマチや重症筋無気力症などの「自己免疫疾患」を発症することがある。分子生物学の発展とともに免疫システムが解明され、その成果としてT細胞の重要性がわかってきた。そこで、研究者たちは、T細胞の活性化の抑制をターゲットとした薬剤の探索と開発に精力を注いでいった。

　1978年、カビの一種 *Tolypocladium inflatum* がつくる「シクロスポリンA」は、免疫抑制剤として臨床現場で使われるようになった。だが、歴史的にはこの物質は抗生物質として発見された。

　シクロスポリンAは、11個のアミノ酸からなる環状ペプチドであり、免疫抑制剤としての有効性が確定した1985年以降には、肝、腎、肺そして心

臓などの臓器移植に多用されるようになった。ただし、肝および腎臓に障害を与え、ときにリンパ腫を引き起こすなどの副作用がある。

　「活性化されたT細胞の増殖をいかにすれば抑えることができるのか？それにはIL-2の産生を阻害すればよい」と考えたヒトがいた。そして、100,000サンプルにも及ぶ微生物の培養液からIL-2の産生を抑制する物質をスクリーニングした成果、放線菌の特定株のつくる物質がインターロイキン-2（IL-2）の産生を抑制したことを発見した。この物質は最初FK506と命名されたが、その後、「タクロリムス」と改名され、臓器移植後に用いる免疫抑制剤として活躍している。

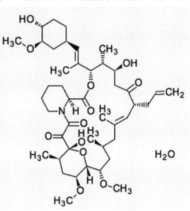

　タクロリムスは骨髄細胞に悪影響を与えず、シクロスポリンAと比べて50-100倍ほど強力である。ただし、タクロリムスの投与により、膵臓と腎臓に障害を与える。それに加えて、マウスに高濃度のタクロリムスを与えたところ、インスリンの分泌が抑制された。このように、使用する薬剤は、何らかの副反応があることを承知しておく必要がある。

図11　タクロリムス

口腔内にいる細菌と病気

　口の中（口腔内）で起こる感染症の代表は「虫歯」と「歯周病」である。歯の表面、歯周ポケット、唾液、舌の表面などそれぞれの部位に特徴的な細菌集団がいる。ストレプトコッカス・ミュータンス（*Streptococcus mutans*）は虫歯の起因菌として知られている。走査電子顕微鏡写真（下図）から、ミュータンス菌は連鎖状をしていることがわかる。

　歯の表面は唾液と微生物が付着しやすい環境で、最初に唾液が付着し、そこにいたミュータンス菌が粘着性で不溶性のグルカン（多糖体）を生成する。その結果、口の中にいるほかの細菌も付着するので、「歯垢」、「プラーク」あるいは「バイオフィルム」と呼ぶ「微生物の凝集体」が形成される。歯垢1gの中に100億から1,000億の細菌がいると言われている。口の中に糖があると、バイオフィルム中にいるミュータンス菌を始めとする口腔内細菌のつくった酸が歯表面のエナメル質を溶かす。これが虫歯である。

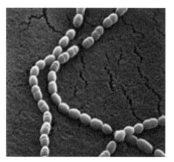

写真 18　ミュータンス菌
（出典　ヤクルト中央研究所「菌の図鑑」）

わが国では、歯周病の目安となる歯周ポケットが 4 mm 以上ある人の割合が 50 代の約半数に達し、高齢化するにつれて歯周病の罹患率はさらに高くなる。

硬い食べ物をたべていたら歯が痛くなった。あるいは歯を磨いていたら血が出てきたという経験をしたヒトは多いと思う。すでに歯周病の症状が出始めたのだ。歯周病は、歯と歯茎の間にできた歯垢にいる歯周病菌がハグキに炎症を起こし、周りの組織を破壊していく細菌感染症である。恐ろしいことに、「歯周病」は、心疾患、脳梗塞、糖尿病、老人性肺炎、骨粗鬆症、早産、低体重児出産などのリスク因子となっている。1997 年に公表された米国における疫学調査では、心臓発作を引き起こす確率は、歯周病患者の場合、健常人に比べ 2.7 倍も高かった。歯周病の原因となる細菌が、ジンジパイン（gingipain）と呼ばれる毒素をつくるジンジバリス菌（*Porphyromonas gingivalis*）である。フソバクテリウム属（*Fusobacterium*）細菌も歯周病の原因菌として報告されている。この細菌は紡錘状の形をしており、歯周炎の病巣で認められる。幅は 0.4 - 0.7 mm、長さは 3 - 20 mm、偏性嫌気性菌である。他の周病菌フソバクテリウム属細菌は血中の赤血球を凝集させて血栓を形成させることがある。

歯周病になるまでには段階があり、「ハグキが腫れる」、「歯磨きをすると血が出る」といった「歯周炎」になり、進行すると「噛むと痛い」、さらに「歯茎が下がる」といった症状が顕著に現れる。歯周病は、歯周炎を放置しておくと、やがて歯を失うばかりでなく、動脈硬化症、心内膜炎、糖尿病の増悪化、そして誤嚥性肺炎が待つ恐ろしい病気である。

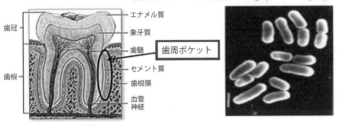

歯周病のおもな原因菌： *Porphyromonas gingivalis (Pg)*： ジンジバリス菌

グラム陰性細菌

嫌気性

図 12　歯周病とその原因菌

Tea time　グラム陽性菌と陰性菌の違い

　1884 年にデンマークの細菌学者ハンス・グラム（Hans Christian Joachim Gram）によって考案されたグラム染色法を用いると、細菌は 2 つのタイプに大別できる。紫色に染まるものが「グラム陽性菌」、染まらないものが「グラム陰性菌」である。グラム染色法では、まず紫色の色素（クリスタルバイオレット）ですべての細菌を染めた後、ヨウ素液を用いて色素を固定したあと、アルコールで脱色させる。アルコールは細胞壁の薄いグラム陰性菌に対しては大きな損傷を与えるので色素が流出してしまう。しかしながら、細胞壁の厚いグラム陽性菌では色素が流出せずに紫色が保持される。グラム染色を施すことにより、細菌の形状などの顕微鏡観察がし易くなることに加え、細胞壁構造の情報も得られることになる。手順が簡単なため、細菌を迅速鑑別するための有効な方法として汎用されている。グラム陽性菌としては、黄色ブドウ球菌、乳酸菌、ビフィズス菌、納豆菌などで、グラム陰性細菌は、大腸菌、サルモネラ菌、緑膿菌などである。

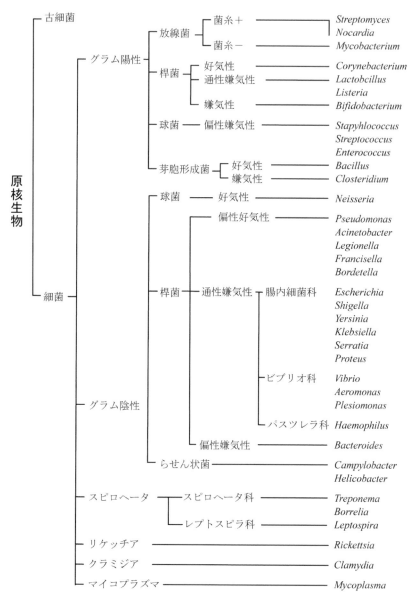

＊スピロヘータ、リケッチア、クラミジア、マイコプラズマはともにグラム陰性を示す。

＊＊　リケッチアは通常の細菌の半分ほどの大きさである。

図 13　原核生物の系統図

　昭和 20（1945）年以前の日本人の平均寿命は 50 - 55 歳であった。死因の第 1 位は結核で、どれほどの若者たちがこの病気で亡くなったのか、死亡しないまでも、生涯にわたって床にふすことになり、希望を持てない人生を送らねばならなかったヒトもいた。そんな時代に、国立予防衛生研究所の梅澤濱夫博士はカナマイシン（1957 年）を発見した。この抗生物質はストレプトマイシンが効かなくなった、耐性結核菌にも有効であることから、結核治療に大活躍した。ちなみに、カナマイシンとストレプトマイシンの両者は糖にアミノ基が付いた化学構造をもつことから、アミノグリコシド系（アミノ配糖体系）抗生物質と呼んでいる。

　その後、新しく開発された抗生物質が臨床現場で使用されると、抗生物質の効かない、いわゆる「薬剤耐性菌」が必ず出現し、新規抗生物質の開発が必要であった。だが、相変わらず、新規抗生物質とその薬剤耐性菌との間で「いたちごっこ」が続いている。

　一方、抗生物質の長期投与は、薬剤耐性菌の出現だけでなく、体の抵抗力や免疫力を弱め、これまでヒトに害を及ぼさなかった糸状菌（カビ）や酵母が病原性を発揮し始める。これを「日和見（ひよりみ）感染」と言い、抗生物質の長期使用で「菌の交代現象」が起きてしまった結果である。白血病や癌になって抗生物質が長期投与されると、真菌のカンジダ（*Candida albicans*：酵母の仲間）に侵されやすくなるし、糸状菌（カビ）の感染で内臓や皮膚に膿瘍が生じることがある。また、鳩（はと）と共生するクリプトコッカス（*Cryptococcus neoformans*：酵母）は、免疫機能の衰えた患者の脳や肺に病巣をつくる。このように免疫機能が低下して、真菌症になると、放線菌 *Streptomyces noursei* のつくるナイスタチン（nystatin）やアンフォテリシン B（amphotericin B）が使われるが、これら抗真菌抗生物質は副作用も強いことは知っておくべきである。

抗生物質名	副作用
ペニシリン系	アレルギー（アナフィラキシーショック、薬疹）、腎障害
クロラムフェニコール	再生不良性貧血
テトラサイクリン	肝障害、光過敏症、骨の発達阻害、菌交代症、胃腸障害
アミドグリコシド系	腎障害、第8脳神経系障害（難聴）
エリスロマイシン	肝障害
リファンピシン	肝障害
サイクロセリン	精神神経障害

　1970年代の後半以降は、第一期黄金時代に発見された抗生物質をリード化合物（母核）にして化学修飾による抗菌薬の創薬研究が積極的に行われていった。β-ラクタム系抗生物質の分子構造中に存在する硫黄が、炭素で置換した骨格を持つ「カルバペネム系（carbapenem）」抗生物質は合成抗菌剤であり、グラム陽性細菌から陰性細菌まで幅広い菌種に対して強い抗菌力を示すのが特徴である。カルバペネム系は、黄色ブドウ球菌を含むグラム陽性細菌のほか、緑膿菌およびバクテロイデスを含むグラム陰性細菌にも効く。人類と微生物の知恵比べが続いている。

抗生物質はどのように作用するのか

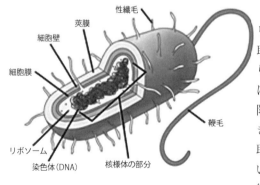

性繊毛
莢膜
細胞壁
細胞膜
鞭毛
リボソーム
染色体(DNA)
核様体の部分

図14　細菌（グラム陰性菌）の細胞

　細胞の細胞（イラスト図）は、リボソームの存在する細胞質を取り囲むように細胞質膜 があり、その細胞質膜の周辺をさらに細胞壁が囲んでいる。グラム陰性細菌とグラム陰性細菌の大きな違いは、後者には細胞壁を取り囲むように外膜が存在している。したがって、グラム陰性細菌と陽性細菌とを比べると、外膜が存在するので、グラム陰

性細菌の方が抗生物質が細胞質には到達し難くいと容易に想像できる。

　抗生物質には細菌を死滅させたり、増殖を阻害したりする作用がある。その作用機序（作用のしかた）として、外から投与（服用）した抗生物質が、細菌の細胞壁の合成を阻害したり、細胞膜に穴を開けたりする可能性も考えられる。さらに、DNA から RNA への転写を阻害したり、RNA からタンパク質への翻訳を阻害したりする可能性もある。ちなみに、遺伝情報は DNA →（転写）→ mRNA →（翻訳）→タンパク質 の順に伝達される。以下に、おもな抗生物質の作用機序や作用点について概説する。

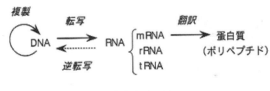

図 15　情報伝達の流れ

1. DNA 合成を阻害する抗生物質

　抗生物質のなかには DNA 合成を阻害することによって効果を発揮するものがある。例えば、北里研究所の秦藤樹博士と協和発酵工業（株）の共同研究によって発見された「マイトマイシン C」がそれである。この抗生物質は、胃癌、肝癌、乳癌、白血病などの治療に適用されるが、副作用として貧血、白血球減少、無頼粒細胞症、再生不良性貧血などの症状がでる。梅澤濱夫が発見したブレオマイシンは DNA に結合したのち、一本鎖 DNA を切断することで DNA の合成を阻害する。

2. RNA 合成を阻害する抗生物質

　ダウノマイシンとアドリアマイシンは「アンスラサイクリン系」の抗生物質の仲間であり細胞内の DNA に結合して DNA や RNA の合成を阻害することによって抗がん効果を表す殺細胞性抗がん薬となる。アンスラサイクリン系抗生物質は DNA や RNA の合成を阻害するがその作用は DNA 鎖を延長させる酵素（DNA ポリメラーゼ）を阻害したり、DNA 鎖を切断したりする。

3. タンパク質合成を阻害する抗生物質

　クロラムフェニコールやエリスロマイシンはタンパク質合成を阻害して細菌の増殖を阻害する。タンパク質合成阻害抗生物質は化学構造上の違いから、ストレプトマイシンなどのアミノグリコシド系、クロラムフェニコール、テトラサイクリン、プリン・ピリミジン系などに分けられる。「プリン・ピリ

ミジン系」に属する抗生物質として、ピューロマイシンやブラスティシジンSが知られている。

ペニシリンG

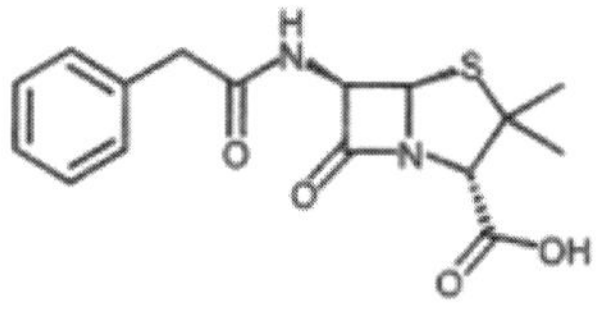

テトラサイクリン

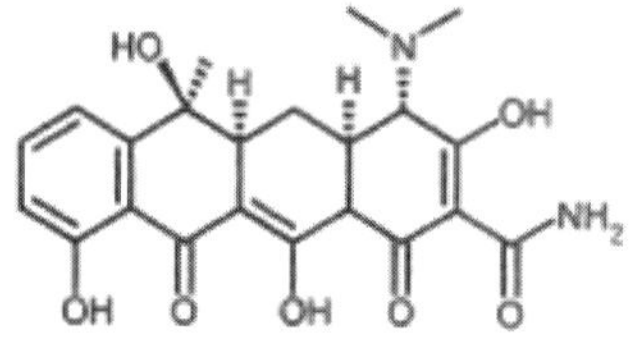

ストレプトマイシン

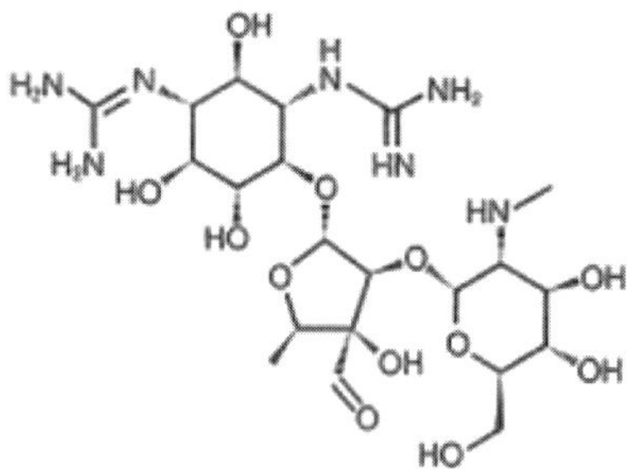

エリスロマイシン

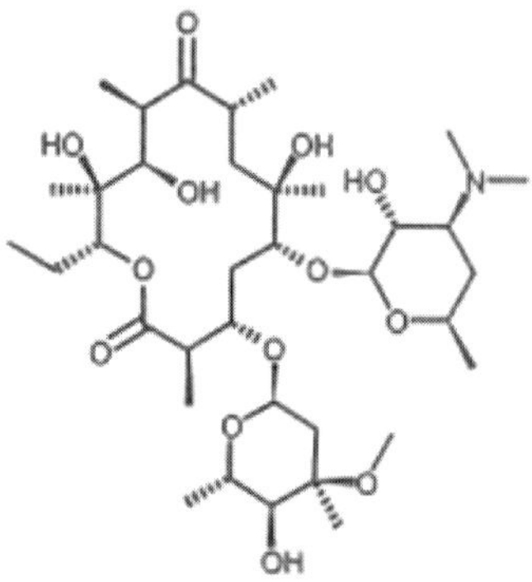

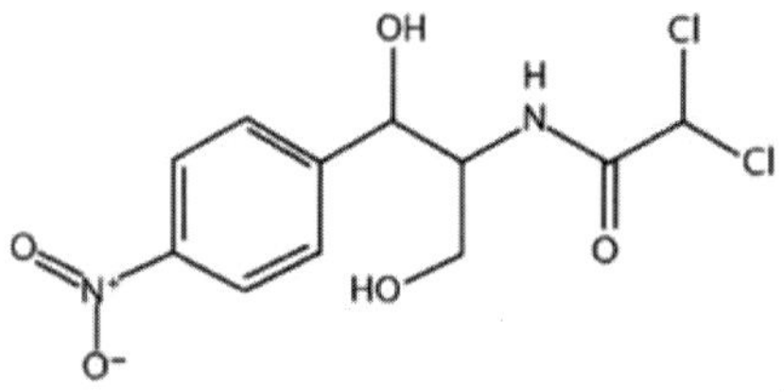

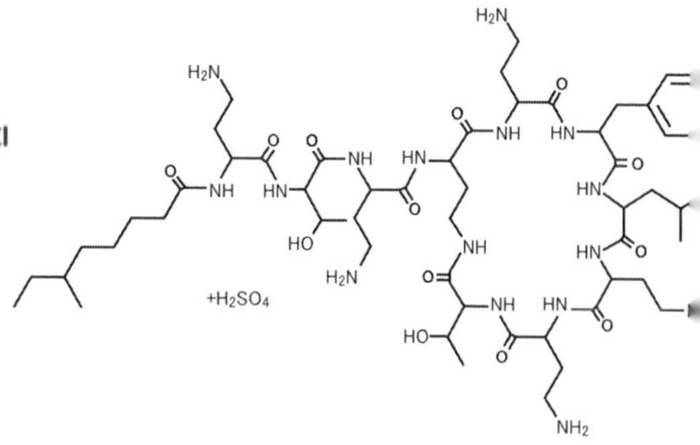

クロラムフェニコール

ポリミキシンB

図16　ペニシリンG、テトラサイクリン、ストレプトマイシン、エリスロマイシン、クロラムフェニコール、およびポリミキシンB

4. 細胞壁合成を阻害する抗生物質

　つぎに、黄色ブドウ球菌を例にとり、細菌の細胞壁構造を眺めてみよう。細菌の細胞壁の主成分は「ペプチドグリカン」である。グリカンは *N-* アセチルグルコサミンと *N-* アセチルムラミン酸というアミノ糖が交互に連なった構造であり、さらにそのグリカンにペプチドが付いたこの構造をペプチドグリカンと呼ぶ。「ペニシリン」はペプチドグリカン合成を阻害する。すなわち、細菌の細胞壁合成阻害剤として機能し、細胞壁ができない細菌は破裂して死ぬ。ちなみにヒトの細胞は細胞壁をもたないのでペニシリンによって攻撃されることはない。このような抗生物質を「選択毒性」の高い抗生物質と呼んでいる。

5. 細胞膜の透過機能を阻害する抗生物質

　細胞膜は細菌の生命維持に必要な物質の透過性をコントロールしている。この透過性を邪魔することによって細菌の生育を阻害する抗生物質がある。ポリミキシンBやコリスチンがそれである。

放線菌の特徴

　放線菌（*Actinomycetes*）は菌糸を形成しながら増殖するグラム陽性細菌であり、そのゲノムDNAのGC含量が約70%と高いことが、この菌群の大きな特徴である。放線菌は自然界に広く分布しているので、どのような試料からでも分離は可能であるが、土壌からの分離が効率的である。落葉のある場所や田畑などの土壌表面のゴミを除いた後、深さ3-5 cmの土壌試料をスプーンなどで集める。

　大村智先生は、静岡県伊東市川奈の土壌からノーベル賞の受賞対象となった抗生物質（抗寄生虫薬）を生産する放線菌 *Streptomyces avermitilis*（= *Streptomyces avermectinius*）を分離することに成功した。素朴な疑問として、なぜ放線菌は抗生物質をつくるのであろうか。放線菌が土壌中で優位に生きるため、共存する微生物の栄養を奪ったり、排除したりするためにつくるとの考えが頭に浮かぶが、正直なところ、微生物に聞くしか真実はわからない。

　最近、抗生物質をつくるための遺伝子の8割ほどが、通常は休眠状態にあると考えられている。そこで、どのタイミングで眠っている抗生物質の合

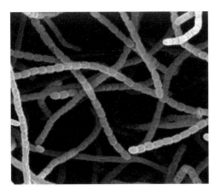

写真19　放線菌

成遺伝子のスイッチを入れると、抗生物質がつくられるのかを解明できれば、新しい抗生物質を発見することも夢ではない。まさに、この課題に好奇心をもつ科学者と微生物との知恵比べである。

　肥沃な土壌に独特な臭いは「放線菌」の発する臭いだと言われている。読者の中には暖かい春や夏のある日に「通り雨（にわか雨）」が降ったあと、何となく懐かしい田舎の臭いを感じたことがあるかもしれない。それも放線菌の放つ臭いだ。この微生物は生育に酸素が必要ないわゆる「好気性」の細菌で有機物を分解するスピードも速い。また、高温や低温にも強く生育に適したpH領域も広い。このように適応力に優れた放線菌であるが堆肥をつくる現場でよく見つかる。堆肥を発酵させる工程の終盤にはカビよりも放線菌の勢力が優勢となり堆肥の表層にびっしりと白い粉のようなものを見かける。これが放線菌の集団である。

　放線菌は「キチナーゼ」というキチン分解酵素を産生する。キチン質は糸状菌（カビ）に多く含まれているので、放線菌が多く生育している土壌中ではカビがキチナーゼにより駆逐されてしまうため、植物病原性カビの被害は少ない。さらに、放線菌はタンパク質分解酵素を生産したり、抗生物質を生産したりする菌株が多い。実際、放線菌が産生する上記酵素や抗生物質が他の微生物の生育を抑制することで、土壌病害の起こりにくい環境を作り出している。まさに、土壌改良微生物としての役割を担当しているのが放線菌だ。

Tea time 私が放線菌に興味を持った訳
　私は、広島大学工学部醗酵工学科で卒論を書くために、「ストレプトマイシンをつくる放線菌の細胞内でどのようなステップで生合成されるのか」をテーマとする教室（生合成化学講座）配属を希望し、実験することの楽しさを知った。その後、大学院工学研究科に進学して無我夢中で研究した。後から考えると、教授の戦略だったかもしれないが、大学院修士課程を3月25日に修了後、次の日には文部教官助手の辞令をもらった。当時の広島大学大学院工学研究科には

博士課程がまだ設置されていなかったので、教室の卒論実験を指導することになった。研究者になるためには学位の取得は必須だったので、自分の興味のある研究テーマを教授に思い切って申し出た。日頃から私自身が疑問に思っていた「抗生物質をつくる放線菌は自らつくる抗生物質に対しどのように生体防衛しているのか、そのメカニズム（自己耐性機構と呼ぶ）の解明を自己の研究テーマとしたい」と提案したのだった。

教授は「それはおもしろい発想だね」と快諾して下さった。言い換えれば、「毒物（抗生物質）をつくる微生物は自己のつくる毒物から如何に生体防衛しているのか」を知りたかった。数年して、「ストレプトマイシン生産菌の自己耐性機構」を学位論文として仕上げ、工学博士の学位を取得した。

先輩たちは「学位を取ったら、できるだけ早く海外の研究機関で経験を積みなさい」と助言してくれた。留学するなら米国ではなく、欧州、それもパストゥールのいたフランスしかないと自分自身で決めていた。

転機が訪れたのは 1986 年、日本学術振興会が「日仏科学協力事業の研究者交換事業」を公募しているのを知った。応募してからしばらくすると、第一審査（書類審査）に合格したとの通知を受け取った。その後の語学試験にパスし、フランスで研究する夢が現実のものとなった。またまた教授の計らいで、大学の教員籍は維持されたままの長期出張扱いで、フランスのシャルル・ドゴール空港に降り立った。それは 1987 年 5 月のことで、小学校教諭を辞職してまで同伴してくれた妻と 3 歳のひとり娘を伴っての初めての海外生活であった。

所属先はパストゥール研究所バイオテクノロジー部門のジュリアン・デービス教授の研究室であった。研究テーマは「抗癌剤ブレオマイシンをつくる放線菌の自己耐性機構の解明」で、本格的に遺伝子操作の手法を用いた研究に従事する機会を得た。

ちなみに、パストゥール研究所は半官半民の組織であり、パストゥールによる狂犬病ワクチンの開発以降「ペスト」の原因となる細菌の特定、ポリオワクチンの開発、エイズウイルスの発見など「感染症の予防と治療法の開発」に輝かしい業績を誇っている。パストゥール研究所は 10 名のノーベル賞受賞者を輩出しており、そんなアクティビティの高い研究所で過せたことはとても幸運であった。

ペニシリンの量産化

アレクサンダー・フレミングが青カビからペニシリンを発見したのは1920年代の終わりだが、薬としての製品化はできないまま研究は中断されていた。ペニシリンを化学的に分離して臨床現場で使う手段がなかったので、フレミングは研究をあきらめた。それから10年ほどして、オックスフォード大学のエルンスト・チェインとハワード・フローリーがペニシリンの抽出に成功して、治療上の有用性を報告した。最終的には、1942年、米国で感染症治療薬としてのペニシリンの製品化に成功した。ペニシリンの治療効果は高く、肺炎患者や命にかかわるほどの傷を負った兵士が瞬く間に回復したことから、ペニシリンは「魔法の弾丸」と呼ばれた。1945年にこの3人にノーベル生理学・医学賞が授与された。

ペニシリンの国産化が行われることになったのは、以下のことが発端となった。第二次世界大戦末期の1943年12月に同盟国のドイツから潜水艦が日本に到着した。この積み荷の中にあったドイツの医学雑誌を読んだ軍医がペニシリンに興味を持ち、1944年2月にペニシリンの研究を開始、同年11月にはペニシリンの生産に成功したのだった。2022年は国産ペニシリンが製造されてから78年目にあたる。戦争末期の物資が乏しい悪環境の中で、多くの研究者たちの協力により、わずか9か月余りで国産ペニシリンの量産化に成功した。探索分離した2,000株のカビの中からペニシリウム属に分類されるペニシリン産生株を見つけ量産化したのだった。

第5章　薬剤耐性菌の脅威

　抗生物質の効かなくなった病原性細菌が世界中に蔓延している。感染症を引き起こす細菌のうち、1種類以上の抗生物質に対して耐性（抵抗力）を示すものを薬剤耐性菌と呼ぶ。多種類の抗生物質が同時に効かない薬剤耐性菌は「多剤耐性菌」あるいは「スーパー耐性菌」と呼んでいる。今や航空機に乗れば短時間で海外に移動できる時代、細菌感染症に対する対策を本気で講じない限り、2050年には世界中で毎年1,000万人ほどの死者が出るとの予測もある。

　薬剤耐性菌は突然出現したわけではない。400万年以上前の洞窟からも薬剤耐性菌は分離されているし、人類の住めない北極の永久凍土からも見つかっている。すなわち、一部の細菌は初めから薬剤耐性能を身に着けていたとも考えられる。

　一方、抗生物質が医療現場で本格的に使用され始めたのは1940年代後半からであるが、その抗菌剤の効かない病原性細菌が出現し、今も急速な勢いで世界中に拡散している。抗菌薬に対する感受菌が死滅することで、もともと薬剤耐性を身に着けていた細菌が選択されたのかもしれない。あるいは、抗生物質に晒された細菌が生き長らえようと、自らの遺伝子を変異させた結果、耐性化したとも考えられる。

　日本でも、メチシリン耐性黄色ブドウ球菌（MRSA）、ペニシリン耐性肺炎球菌（PRSP）、多剤耐性緑膿菌（MDRP）、カルバペネム耐性腸内細菌科細菌（CRE）などによる感染症が拡散している。抗生物質に曝露された細菌はさまざまな方法を駆使して生き延びようとする。例えば、① 細菌細胞を覆っている細胞膜を変化させて薬剤の流入を防ぐ（細胞外膜の構造変化）、② 細菌内に入ってきた抗生物質を細胞外に汲み出す（排出ポンプ）、③ 抗菌薬の作用点を変化させる（DNAジャイレースやトポイソメラーゼIV、RNAポリメラーゼ、リボソーム構造の変異）、④ 抗生物質不活化酵素（β-ラクタマーゼ）での分解などの方法がある。なかには5-6種類の抗生物質に対して同時耐性を獲得した「スーパー耐性菌」も存在するので、医師たちは治療にどの抗生物質を選択すべきか戸惑ってしまう。

細菌には細胞外から遺伝子を取り込む機能が備わっているので、細菌同士で遺伝子をやり取りして薬剤耐性を獲得できる。それに加え、薬剤耐性菌が蔓延したおもな原因は、臨床現場での抗生物質の乱用と長期に渡る使用である。

　風邪の原因はほとんどがウイルスだ。抗生物質はウイルス性の風邪にはまったく効かないのに、抗生物質を使うと細菌が耐性を獲得する機会を増やしてしまう。ところが、風邪を治そうとクリニックを訪れると、医師は「では抗生物質を処方しておきますね」と言う。その理由は、ウイルスが気管支の粘膜を痛めると、口の中の常在菌（肺炎球菌など）が肺の中に侵入し、細菌性の肺炎になりかねない。誤嚥性肺炎やマイコプラズマ肺炎は、風邪の症状が出る前に"いきなり肺炎"の形をとる。マイコプラズマ（*Mycoplasma*）は真核生物に寄生する細菌で、大腸菌や黄色ブドウ球菌のような真正細菌と比較すると、細胞壁がないのが特徴で、細胞が小さく、ゲノムサイズに関しては、大腸菌のゲノムが 4,800,000 bp であるのに対し、マイコプラズマのそれは 500,000 bp ほどの長さである。

　畜産業界では、最近まで家畜への抗生物質投与が行われ、世界で生産されている抗生物質の 80％は食肉用の牛や豚、鶏に使用されてきた。投与された家畜は、成長過程で病気になりにくい。一方で、家畜から糞便由来で排泄された抗生物質はほとんど分解されず、細菌に対する効力を保ったまま、土壌や水などの自然環境内に拡散し、細菌の薬剤耐性を助長することになってしまった。必要なときにだけ抗生物質を使うようにすべきである。さらに、多剤耐性菌に対して効力を示す新たな抗生物質は不足しているのが現状で、新規抗生物質の開発は必須である。おもな抗生物質に対する耐性菌の耐性機構を以下に示す。

ペニシリン耐性菌の出現

　ペニシリンの発見からしばらくして、青カビのつくるペニシリンの前駆体である 6 - アミノペニシラン酸を骨格に、有機化学の手法を駆使して「半合成ペニシリン」が開発された。では、なぜ半合成ペニシリンが開発されたのであろうか？それはペニシリンが登場した翌年にはペニシリン耐性菌が出現したからである。ペニシリン耐性大腸菌の培養液にペニシリンを加えると、その抗菌力が消失する現象が観察された。調査したところ、その大腸菌はペニシリンを加水分解する酵素を産生して、抗菌力を消失させていたのである。

その後、緑膿菌や黄色ブドウ球菌なども β - ラクタマーゼ（ペニシリン分解酵素）をつくることが判明した。

クロラムフェニコール耐性菌

　感染症の治療薬として、ペンシリンの次に登場した抗生物質はストレプトマイシンであり、三番手は 1947 年のクロラムフェニコールであった。この抗生物質は赤痢の治療に用いられたほか、発疹チフスの原因菌である「リケッチア」にも有効であることから、医療現場で繁用された。しかし、1960 年に新潟県で流行した集団赤痢の治療にはクロラムフェニコールはまったく無力だった。患者から分離された赤痢菌は耐性を獲得していたのである。この菌の培養液にクロラムフェニコールを加えると抗菌力が消失していた。この現象の説明がつかぬまま 5 年の歳月が流れた。そして、ついに明らかにされたのは、赤痢菌に関してではなく、先ず、クロラムフェニコール耐性を示す大腸菌においてであった。この大腸菌は、この抗菌力を消失させる酵素を産生していた。さらに詳しく調べたところ、クロラムフェニコール分子の水酸基の 2 ケ所がアセチル化されていた。アセチル化された抗生物質は、もはやタンパク質合成を阻害できない。その後、クロラムフェニコール耐性赤痢菌も大腸菌と同じくアセチル化酵素によるものとわかった。興味深いことに、クロラムフェニコール耐性を示した大腸菌はカナマイシンにも耐性を示すとともに、カナマイシン不活化酵素を産生していた。この不活化産物は、アセチルカナマイシンと構造決定され、アミノグリコシド系抗生物質不活化酵素による耐性機構を証明した初めての報告であった。

アミノグリコシド系抗生物質耐性菌

　ストレプトマイシン耐性を示す大腸菌のなかには、2 タイプの不活化酵素をつくる菌株があった。1 つはストレプトマイシンの水酸基をアデニリル化する酵素、2 つ目は、同じ水酸基をリン酸化する酵素であった。その後、カナマイシン耐性大腸菌のなかにリン酸化酵素を持つ株が見つかった。この酵素は、ATP（アデノシン 5'- 三リン酸）を利用してカナマイシンの水酸基をリン酸化する。特筆すべきことに、このリン酸化酵素は耐性黄色ブドウ球菌や緑膿菌からも検出された。さらに、アミノ配糖体抗生物質として新規に開発されたゲンタミシンやジベカシンをアデニリル化する酵素を産生する大腸菌株に見つかった。さらに、黄色ブドウ球菌では、トブラマイシンやアミカ

シンの水酸基をアデニリル化する酵素やゲンタミシンやジベカシンの水酸基をリン酸化する酵素も発見されている。

　このように、アミノグリコシド系抗生物質に対する薬剤耐性菌を調べてみると、それらは、ヌクレオチジル化（おもにアデニリル化）、リン酸化、アセチル化のいずれかの手段で抗生物質を修飾することで、抗菌力を消失させることが判明した。ちなみに、アセチル化酵素およびアデニリル化酵素が働く際には、それぞれ、アセチルCoAおよびATPが補助因子 (cofactor) として必要である。

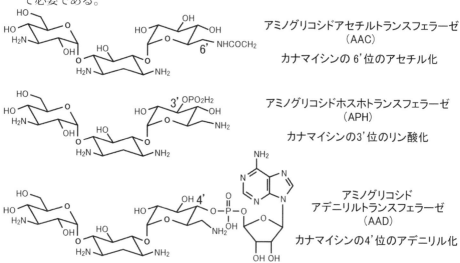

アミノグリコシドアセチルトランスフェラーゼ
（AAC）

カナマイシンの6'位のアセチル化

アミノグリコシドホスホトランスフェラーゼ
（APH）

カナマイシンの3'位のリン酸化

アミノグリコシド
アデニリルトランスフェラーゼ
（AAD）

カナマイシンの4'位のアデニリル化

図17　アミノ酸配糖体系抗生物質の修飾酵素による不活化

テトラサイクリン耐性菌

　テトラサイクリン系抗生物質は、1948年、B. M. ダガーにより、放線菌 *Streptomyces aureofaciens* のつくるクロルテトラサイクリンとして発見された。オーレオマイシン（aureomycin）とも呼ばれている。オキシテトラサイクリンを含めて日本の医療現場では1950年から使われ始めた。本抗生物質は、グラム陽性菌から陰性菌までカバーする広い抗菌スペクトラムを示し、しかも、毒性が少ない抗生物質として、感染症の治療に積極的に使われた。ところが、1952年にはテトラサイクリンに耐性を示す赤痢菌が出現してしまった。その赤痢菌は、テトラサイクリンだけでなく、ストレプトマイシン

とスルホンアミドにも耐性を示す多剤耐性を示した。1957 年になると、さらにクロラムフェニコール耐性も獲得し、合計 4 種の抗生物質に対し同時耐性を獲得した赤痢菌が出現し、全国に拡散してしまった。その後の 10 年間に分離された赤痢菌 *Shigella dysenteriae* の 7 割が多剤耐性を獲得していた。

R 因子（Resistant factor）の発見

　1959 年、抗生物質耐性を示す赤痢菌とその薬剤に感受性を示す大腸菌を混合して培養すると、大腸菌が抗生物質耐性を獲得する現象が見つかった。この現象がなぜ起きるのか、当時、多くの細菌学者の議論の的となった。群馬大学の三橋進教授の率いる研究グループは、大腸菌の獲得した薬剤耐性は「R 因子（R factor）」の伝達によるものであることを突き止めた。ちなみに、R 因子の R は resistant の頭文字に由来する外来性遺伝因子である。

　ゲノム上には、生物にとって自己の生命の維持や子孫の増殖に必要な遺伝子が載っている。例えば、細菌が増殖するときにはゲノム DNA が複製され、細胞が分裂する際にそれぞれの細胞に分配される。「R 因子」も DNA であり、それはゲノム DNA と同じく細胞内で複製される。ただし、R 因子の複製がゲノム DNA によって制御されることはなく、自立的に複製される。この自立的に複製可能なゲノム DNA 外遺伝因子を、三橋教授らは「エピソーム」と呼んだ。現在では、エピソームという言葉は使われず、その代わりにプラスミド（plasmid）と呼んでいる。

　R 因子は薬剤耐性遺伝子を備えたプラスミドである。最初、R プラスミドは大腸菌、赤痢菌、緑膿菌などで見つかった。興味深いことに、緑膿菌で見つかった R プラスミドのほとんどは緑膿菌にしか伝搬されない。しかも、R プラスミド上には 1 種類の抗生物質に対する耐性遺伝子が載っているというより、むしろ、多剤耐性遺伝子群が同じプラスミド上に並んで存在する場合が多い。黄色ブドウ球菌のなかには、pUB110 と命名されたカナマイシン耐性遺伝子を持ったプラスミドを保有する株がいる。筆者は、多剤耐性黄色ブドウ球菌が、トランスポゾンを介してゲノム DNA 中に pUB110 が組み込まれていることを見出した。

　ところで、テトラサイクリン（Tc）は、細菌の細胞膜を通過して細胞質に到達すると、リボソームに結合して、タンパク質合成を阻害する。したがって、Tc 耐性細菌の耐性機序としては、以下のように考えられる。すなわち、①抗生物質が細胞内に透過しない。②透過しても、すぐ、細胞外に排出され

てしまう。あるいは、③透過したTcがリボソームと結合するとタンパク質の合成が阻害されるが、耐性菌のリボソームが抗生物質と結合できないように変化している。④細胞内あるいは細胞外にTcを無毒化する酵素が存在している。

　1960年から1970年代までは、Tc耐性が薬剤の細胞内蓄積量の低下によるものであるという認識しかなかったが、1980年になって、Tcを細胞外へ排出させるタンパク質が働いて細胞内のTc濃度を低下させるシステムで耐性を獲得することがわかった。この排出タンパク質をコードする遺伝子は染色体とは別の遺伝子を有する「プラスミド」上にあり、グラム陰性細菌から陽性細菌までの広い範囲でプラスミド保有耐性菌が存在することも判明した。ちなみに、Tc系抗生物質には、上述したクロルテトラサイクリン（オーレオマイシン）のほか、オキシテトラサイクリンがある。

抗生物質の新しい不活化酵素の出現

　近年、NDM-1（New Delhi metallo-β-lactamase-1）遺伝子をもつ肺炎桿菌と大腸菌が発見された。NDM-1を産生する菌は、2009年にインドから帰国したスウェーデン人から初めて見つかった（Antimicro. Agents Chemother. 53：5046-54、2009）。「新型の抗生物質不活化酵素」とも言えるNDM-1は、2010年9月、日本の医科大病院を受診した患者からも見つかった。

　厚生労働省によると、その患者は南アジアへの渡航歴があった。NDM-1遺伝子をもつ細菌はインドやパキスタンが発生源とみられ、米国や欧州でも感染が確認されている。大腸菌や肺炎桿菌などの腸内細菌がNDM-1遺伝子を持つと、多くの抗生物質に対し同時耐性を獲得するのでやっかいである。特に、救急治療の現場で「最後の手段」とされているカルバペネム系抗生物質にさえ耐性を示すことから、NDM-1を有する病原細菌の出現は、きわめて強い懸念材料である。NDM-1遺伝子はプラスミド上に存在して他の腸内細菌に移りやすいことから、同じ腸内細菌でサルモネラや赤痢菌などの病原細菌に広がると、社会的に重大な問題となってしまう。

エリスロマイシン耐性菌

　1952年、マイコプラズマ肺炎にも効く抗生物質として、鳴り物入りで登場した「エリスロマイシン」は、翌年には日本で使用が許可された。ところ

が、その翌年にはエリスロマイシン耐性菌の黄色ブドウ球菌が見つかった。
この抗生物質耐性菌はエリスロマイシン添加（投与）により誘導されるとと
もに、かつ、50S リボソームサブユニットの構造変化によるものであった。
より詳細に言えば、50S サブユニットを構成する 23S リボソーマル RNA が、
エリスロマイシンの存在により誘導発現するメチル化酵素によって修飾を受
け、リボソームが構造変化したのであった。その変異型リボソームはもはや
エリスロマイシンと結合しなくなる。結局、抗生物質がリボソームに結合し
なければタンパク質合成が阻害されないため、エリスロマイシン耐性を示す。

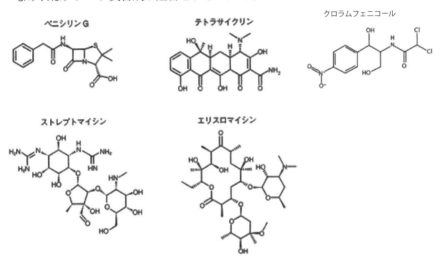

図 18　ペニシリン G、テトラサイクリン、クロラムフェニコール、ストレプトマ
　　　　イシン、およびエリスロマイシン

　以上に述べてきたように、薬剤耐性菌の耐性機序は 3 つのタイプに大別
できる。第 1 のタイプでは、抗生物質を分解もしくは修飾する酵素、いわゆ
る抗生物質不活化酵素を産生するもの。第 2 のタイプは、投与された抗生物
質の細胞内透過性を減少させるもの、あるいは、抗生物質を排出するタンパ
ク質によるもの。第 3 のタイプでは、抗生物質のターゲットサイト、例えば
リボソームが抗生物質と結合しないように構造変化したものなどである。

メチシリン耐性黄色ブドウ球菌（MRSA）とバンコマイシン耐性腸球菌（VRE）およびディフィシル菌の脅威

つぎに、多剤耐性菌として悪名高い「メチシリン耐性黄色ブドウ球菌（methicillin-resistant Staphylococcus aureus：MRSA）」の耐性獲得機構を説明しよう。MRSA の出現を許した背景には、感染症を治療する際、安易に、それも長期的に抗生物質を使用してきたことが挙げられる。病院内に定着した MRSA は免疫機能の低下した患者、未熟児、老人などを襲う。抗癌剤を投与されることにより免疫力が低下した癌患者は、日和見感染菌により死亡することも多く、これまで臨床的にあまり注目されていなかった菌種に対する対策も必要である。

さて、半合成ペニシリンの 1 つである「メチシリン」は、経口投与が可能なペニシリン系抗生物質として 1960 年に登場した。しかしながら、その翌年には MRSA が出現してしまった。MRSA は、院内感染症の原因菌として 1960 年代後半には欧米で、1970 年代初頭には日本で注目されるようになった。残念なことに、1980 年代半ばには国内に MRSA が広く拡散してしまったのだ。MRSA を極端に恐れる理由は、この細菌が単にメチシリンに耐性を示すのみでなく、数多くの抗生物質に対して同時に耐性（multi-drug resistance）を獲得したことで、感染症の治療に使える抗菌薬の種類が非常に制限されてしまったからである。

MRSA に有効な抗生物質として、細胞壁合成阻害を作用機序とするバンコマイシンも使われている。この抗生物質は決して新しい薬剤ではなく、欧米では 30 年以上も前から使われてきたにもかかわらず、長い間バンコマイシン耐性菌が出現しなかった。しかし、1986 年になってフランスでその抗生物質に高度耐性を示す腸球菌（vancomycin-resistant enterococci）が見つかった。米国疾病管理予防センター（Centers for Disease Control and Prevention：CDC）の調査によると、バンコマイシン耐性腸球菌による院内感染率は 1989 年にはわずか 0.3% であったが、数年で 7.9% にまで急増したのだった。本来、腸球菌は健康な人の口腔内や大腸にも常在し、通常は健康リスクを生じさせることはない。ただし、免疫機能が低下した人に感染すると、敗血症や心内膜炎などの重篤な症状を引き起こす例が認められる。フランスを始めとするヨーロッパでは、バンコマイシンに構造が類似した抗生物質「アボパルシン」を家畜飼料に配合することで大量に使用してきた。ち

なみに、飼料にアボパルシンを添加するのは家畜の成長を早めるためである。その結果、家畜に出現した耐性菌が、食肉を介してヒトに伝播していった可能性が高い。また、腸球菌のバンコマイシン耐性遺伝子は細菌の種を超えて黄色ブドウ球菌に移った可能性もある。実際、1992年、英国の研究グループにより、バンコマイシン耐性腸球菌と黄色ブドウ球菌を混合培養すると、黄色ブドウ球菌がバンコマイシン耐性を獲得したとの報告がなされたのだ。ちなみに、医療現場では、「バンコマイシン耐性腸球菌」を略して「VRE」と呼んでいる。このように、近年、薬剤耐性菌のあいつぐ出現により、感染症治療が世界的に危機的状態に陥っている。ちなみに、バンコマイシンは放線菌のつくる「糖ペプチド系」抗生物質である。

　米国や欧州では、VREの院内感染が広がり、いつの日か、黄色ブドウ球菌もVRE耐性を獲得することが危惧されている。というのは、耐性腸球菌の中にVRE耐性遺伝子を持ったプラスミドを保有した株が見つかったからである。21世紀になって、VRE対策用に化学合成抗菌剤であるリネゾリドが開発された。

　近年、市中病院や老人施設等の入院患者や入居者の間で、クロストリジウム・ディフィシルによるディフィシル感染症の集団発症が起きている。この病原細菌は培養が困難であったことから、ラテン語で「困難」を意味する「difficile」と名付けられ、院内感染を起こすMRSAとともに、厳重に監視すべき病原細菌の1つである。ディフィシル感染症はすべての年齢層で発症するが、特に65歳以上の老人の発症率が高い。さらに、ディフィシル菌は多剤耐性を示すとともに、産生するA毒素およびB毒素により、下痢症状を引き起こす。感染したヒトの糞便中にこの細菌が検出され、糞便中に出てきたディフィシル菌で汚染された食器や手などを介してヒトの口腔や粘膜に到達し、他のヒトへ感染していく。

　米国では、毎年、約40-50万人のディフィシル感染症患者が発生し、毎年1.5-2万人ほどが死亡していると推計されている。この感染症を治療するために抗生物質を長期使用すると、下痢症や腸炎を起こすことが多い。その理由として、ディフィシル腸炎は抗生物質の投与で正常な腸内細菌叢が破綻し、菌交代症が起きた結果であろうと考えられている。統計的には、抗生物質の使用に関連する下痢症の20-30%はディフィシル菌が関与しているとの指摘もある。ディフィシル感染症治療には、メトロニダゾールやバンコマイシンを投与するが、細菌による膣炎やトリコモナス症などの性感染症の治

療のために経口で服用する抗生物質である「メトロニダゾール」には神経毒性があり、再発時に繰り返し使用したり、長期使用したりすることは絶対に避けるべきであろう。英国では、胃酸分泌抑制剤（特に、H2 ブロッカーやプロトンポンプ阻害剤）の投与を受けている患者がディフィシル感染症に罹りやすいとの調査結果が報告されている。

新たな抗生物質の開発

　近年、完全な化学合成薬品であるナリジクス酸（nalidixic acid）が開発され、第一世代の「キノロン系抗菌剤」と呼ばれた。キノロン系およびニューキノロン系抗菌剤は、臨床的に汎用されているが、歴史的にはマラリア原虫に有効なクロロキンの誘導体（7 - クロロキン）が抗菌作用を示すことがヒントとなって、ナリジクス酸が生まれた。この合成抗菌薬は、腎臓に傷害を与えることが少ないことから、腎機能の低下した患者の尿路感染症の治療薬として繁用されている。ただし、ナリジクス酸は緑膿菌を除くグラム陰性細菌には有効であるが、グラム陽性細菌には効きにくい。その後、ナリジクス酸の抗菌スペクトルを補強した合成抗菌剤が開発された。それがニューキノロン系抗菌薬のオフロキサシンである。キノロン系およびニューキノロン系抗菌薬は、DNA 複製に不可欠な酵素である DNA ジャイレースを阻害する。

　キノロン系抗菌剤の臨床使用が始まると、またしても、これら抗菌剤に耐性を示す細菌が出現した。この耐性菌の DNA ジャイレースが構造変化して耐性化したのだった。さらに、この薬剤の膜透過性の減少や汲み出しの活性化を伴った耐性菌の存在も見つかった。このように、キノロン系抗菌剤のような完全合成抗生物質においても耐性菌の出現を許してしまった。

　1995 年、筆者は広島大学病院で臨床分離された MRSA が抗癌剤であるブレオマイシンに耐性を示すことを発見した。興味深いことに、ブレオマイシン存在下で MRSA を培養すると、これまでアルベカシン感受性であった MRSA が耐性へと変化する現象も見つけた。このことは何を意味するのか？癌患者は抗癌剤の投与により免疫力が低下し、MRSA に感染する危険性が高くなることから推測すると、抗癌剤を投与された癌患者がいったん MRSA に感染するともはや手がつけられない状態に陥る危険性がある。そこで、「ブレオマイシンの添加がなぜ新たな薬剤耐性を誘発するのか」が次の研究課題となる。このように、新規抗生物質がいくら開発されても、細菌はその薬剤に耐え得るための遺伝子を外から持ち込んだり、遺伝子変異が生じたりする。

結局のところ、人類が細菌に勝利することは永遠に来ないのではないだろうか。

Tea time　スーパー耐性菌の襲撃

　多剤耐性黄色ブドウ球菌による感染症が克服されていないにもかかわらず、2010年、国内の大学病院において、アシネトバクター属細菌が原因の日和見（ひよりみ）感染症で多くの入院患者が死亡する事象が起きた。この細菌は、グラム陰性の短桿菌で、好気性を示し、鞭毛を有しない。オキシダーゼ試験は陰性で、グルコースを利用しないという特徴も有し、自然環境に拡散している。ちなみに、オキシダーゼは細菌のチトクロームオキシダーゼの存否を判定する試験で、「陰性」の細菌と「陽性」のビブリオ属やシュードモナス属とを鑑別する際の重要な試験である。

　日和見感染菌は、健常人では病気を起こさないが、体力や免疫力の弱まった人に感染して病気を起こす。まさに、旅人がその日の日和（ひより）を見て晴れていたら出発、雨であれば宿に留まると決めることに例えた言葉である。病院の集中治療室などにいる重症患者に感染すると、咳や熱が出て、呼吸不全からショックへと進み、最終的には敗血症から多臓器不全となって死に至る。ヒトの皮膚で見出される *Acinetobacter baumannii* は暖かくて湿っぽい環境を好む。したがって、皮膚で見つかる確率は冬にくらべて夏のほうが高い。

第 6 章　ウイルスの脅威と驚異

　A 型インフルエンザウイルスや RS ウイルス（Respiratory syncytial virus）はヒトに感染すると、風邪症状を呈したり、肺炎を起こしたりする。「ウイルス性肺炎」は、肺が障害されるので、激しい咳や呼吸困難などの症状がでる。厚生労働省の 2015 年（平成 27 年）1 月から 12 月までの人口動態統計によると、死因の第 1 位は悪性新生物、すなわち、がん（全死亡者に占める割合：28.7％）であり、第 2 位は心疾患（15.2％）、そして第 3 位が肺炎（9.4％）と続く。肺炎の原因菌はさまざまである。 細菌の感染により発症する肺炎の治療には抗生物質が適用されるが、ウイルスが原因の肺炎には抗生物質はまったく無力である。ちなみに、肺炎による死亡者の 97％は 65 歳以上の高齢者であり、そのなかには誤嚥性肺炎の患者がかなりいる。したがって、新型コロナウイルスを含む病原微生物から如何に肺炎にならないよう身体を守るか、人類の繁栄のために世界中が協力していく必要がある。

　人類に猛威を振った世界史に残るウイルス感染症としては 1600-1700 年代にかけて流行した天然痘（天然痘ウイルス）と 1918-1919 年のスペイン風邪（インフルエンザウイルス）が挙げられる。つぎに、1980 年代初期にエイズ（ヒト免疫不全ウイルス HIV）が突然出現し、さらに 2014 年にはエボラ出血熱（エボラウイルス）、2019-2020 年にかけては新型コロナウイルス感染症が続く。エボラ出血熱を引き起こすエボラウイルスと同じフィロウイルス科に属する、マールブルグウイルス感染症は致死率が高いが、西アフリカのガーナで 2022 年 7 月 17 日、この感染症の発生を公表した。このウイルスは熱帯雨林に生息するオオコウモリ（フルーツバット）が媒介するが、感染者の体液に触れることでも感染する。マールブルグ感染症が初めて確認されたのは 1967 年、当時の西ドイツ・マールブルクで、7 人が死亡した。

　新型コロナウイルス感染症（COVID-19）は、オミクロン変異株感染による急増が始まるまでに世界に衝撃的影響を及ぼした。2021 年 11 月 14 日の時点ですでに 38 億人の感染または再感染を引き起こし、世界人口の 43.9％が少なくとも 1 回の感染を経験しており、累積感染割合は地域によって大きな差が認められることが、米国ワシントン大学の Ryan M. Barber 氏らの

調査で示された（Lancet 誌オンライン版 2022 年 4 月 8 日号に掲載）。一方、パンデミック（世界的流行）ではないにしても、日本では例年、食中毒を起こさせるノロウイルス感染症の発生件数が 11 月ごろから増加し始め、12 月から翌年の 3 月が発生のピークとなる。また、毎年、冬から春かけて季節性インフルエンザが流行するが、新型コロナウイルスとは毒性は明らかに異なっている。簡単に言えば、季節性インフルエンザ感染で死亡するヒトのほとんどは、二次感染した細菌感染症によるものである。事実、季節性インフルエンザに関しては、新型コロナウイルス感染症（COVID-19）患者で多く見られる「ウイルス性肺炎やサイトカインストーム」を起こす患者は少ない。ちなみに、新型コロナウイルス感染症において、一部の患者では致死的な呼吸不全に陥ることが知られている。そのメカニズムとして、サイトカインストームとよばれる病態が関与している（Lancet. 395,1033-1034,2020）。感染症によって大量に産生された炎症性サイトカインが血液中にどっと放出されると、過剰な炎症反応が起きて、さまざまな臓器に致命的な傷害を生じることがある。このような病態をサイトカインストームと呼んでいる。

ウイルスが地球に出現した意義

　ウイルスは人類に脅威を与えるので、厄介者と言わざるを得ないが、近年、真核細胞の進化過程にウイルスが関与した形跡が発見されたことから、地球上に生物が存在するためにはウイルスの出現が不可避であった可能性が高い。これまでのところ、人類が地球上から撲滅できたウイルスは天然痘ウイルスしかない。伝染力が高く致死率の高い疫病として、紀元前から恐れられてきた天然痘は治癒しても顔面に醜い瘢痕が残るため、忌み嫌われてきたが、エドワード・ジェンナーにより開発された天然痘ワクチンのお陰で発生件数は激減し、1980 年、遂に世界保健機関（WHO）は、天然痘の撲滅を宣言した。

ウイルスが地球上に出現した経緯

　ウイルスがどのような経緯で地球に出現したかはウイルス学者の間で最大の関心事だ。通常、子孫を残すための遺伝情報はゲノム DNA に書かれているが、エボラウイルスや新型コロナウイルスのゲノムは DNA ではなく RNA なのである。実際、新規に見出されたウイルス（これをエマージングウイルスと呼ぶ）のほとんどは「RNA ウイルス」である。学者間で広く受け入れられているウイルスの誕生仮説は、「ある細胞が持っていた遺伝要素が細胞の

外に飛び出した」という考え方だ。言い換えれば、ウイルスゲノムは細胞から飛び出した遺伝子であろうという説が有力で、この考え方は、白血病を引き起こすウイルスのゲノムに存在する発がん遺伝子が動物のゲノムに見いだされたことが根拠となっている。

　病毒を意味する言葉の「ウイルス」は悪玉微生物とみなされているが、ほ乳類の存続に重要な役割を果たしてきたとの仮説がある。すなわち、ヒトに内在する「レトロウイルス」は、霊長類の祖先の染色体に 2,500 万年前に組み込まれたウイルスで、最近まで化石のような存在と考えられてきた。ちなみに、レトロウイルスとは、「ゲノムは RNA だが生体細胞に感染すると逆転写酵素が働いて DNA に転写されて宿主染色体に組み込まれるウイルス」のことである。エイズウイルス（HIV）は典型的なレトロウイルスである。

　一方、ヒトの胎児は母親と父親の両方の遺伝形質を受け継ぎ、父親由来の形質は母親にとっては異物なので、臓器移植の場合と同じように排除されてしまうはずだ。母親のリンパ球による攻撃を胎児から守っているのは、胎盤の外側を取り巻く合胞体栄養膜である。胎児の発育に必要な栄養分は通すが、リンパ球は通さないおかげで胎児は発育できる。この重要な膜は「シンシチン」というタンパク質で形成されるが、最近、シンシチンはヒトに内在するレトロウイルス由来タンパク質であることが明らかにされた。このように、善玉微生物としてのウイルスの役割も見つかった。今後、ヒトの存続に良い影響を与えるウイルスについても明らかにされるかもしれない。

おもなウイルス感染症の特徴

　エボラウイルスと人類の出会いは、1976 年 6 月、アフリカのスーダン南部に住んでいた男が出血熱の症状で病院を訪れたことがきっかけだった。高熱に加えて頭や咽喉および胸部に強い痛みが生じ、激しい下痢も起きたほか、しばらくすると、胃、肝臓、腎臓および肺からの出血や、脳、皮膚、粘膜からも血が噴き出し、あげくの果ては死を待つだけとなってしまった。血管に侵入したエボラウイルスが血管組織を破壊してしまうのだ。

　1995 年にはザイールで「エボラ出血熱」が流行した。米国疾病対策センター（CDC）の研究チームは、最初のエボラウイルス感染が起きた熱帯雨林で、齧歯類、ヒキガエル、トカゲ、ヘビなど、総計 2,500 のサンプルを集めてウイルスの検出を試みたが、検出された動物は今も見つかっていない。その後、中央アフリカにあるパストゥール研究所のジャック・モルヴァンらが、

中央アフリカに生息する哺乳類からエボラウイルス遺伝子の一部を見つけたと発表した。詳細は Microbes and Infection, Vol. 1（12月号）, 1193-1201, 1999 に発表された。

　最初の感染事例から30年ほど経った2003年3月、別のウイルスが牙を剥き出した。「重症の肺炎、アジア地域に流行の兆し」と国際報道され、わが国の新聞にも「謎の肺炎、原因は新型ウイルスか？」との見出しが躍った。当時はイラク戦争中で、中東には緊迫感が漂っていたが、謎の肺炎の出現がさらに不安に陥れた。この肺炎は「重症急性呼吸器症候群（SARS）」と名づけられ、2-7日の潜伏期間のあと、38℃を超える高熱と咳に加え、頭痛と呼吸困難をともなう。まさにインフルエンザと症状が酷似している。

　SARS病原体を特定したとの発表は迅速だった。2003年3月18日、ドイツと香港の研究者からそれぞれ発表された原因ウイルスはパラミクソウイルスで、しばらくして、WHOは「SARSを引き起こしたウイルスはパラミクソウイルス科メタニューモウイルスだ」と公式に発表した。

　同年3月20日の読売新聞に、ベトナムの患者から採取した血液を調べた日本人研究者のインタビュー記事が載っていた。「あらゆる既知の病原体を調べたが、患者はいずれも陰性だった。まさに未知のウイルスだ」と驚きを隠さなかった。その後、CDCはSARSの病原体をRNAウイルスの一種である「コロナウイルス」と発表し、WHOも新種のコロナウイルスだと断定した。世界を恐怖に陥れる「ウイルス」に読者はどう反応するのであろうか。冷静に、「ウイルスと細菌はどう違うの？」、「パンデミックウイルスの種類と特徴は？」、さらに「ウイルスのゲノムはRNAそれともDNA？」、「なぜ2種類のゲノムがウイルスには存在するのか？」と言った疑問を抱くかもしれないし、世界中を震撼させたウイルスの恐怖や不安感を打ち消すのに精一杯なのかもしれない。

　そんな疑問に答えるべく、ここで一休みして、ウイルスの特徴について簡単に触れる。

　細菌の大きさは約0.5-3μm（1μm = 0.001mm）であるが、ウイルスは細菌のサイズの50分の1以下の約10-200nm（1ナノメートル= 0.001μm = 0.000001mm）なので、電子顕微鏡でしか見ることができない。ナノは10億分の1でありマイクロの1000分の1。相対的にいうと、ヒトの大きさを地球に例えると、細菌がゾウ、ウイルスはネズミの大きさだ。また、細菌は近くに栄養分があれば自力で増殖できるが、ウイルスの場合はそうはい

かない。ヒト（これを宿主と呼ぶ）の細胞表層に接着したウイルスは自己のゲノム遺伝子を注入し、宿主のタンパク質合成装置と核酸合成装置をレンタルして宿主内で増殖し、やがて体外に出てゆく。これがウイルスのライフサイクル（生活史）である。

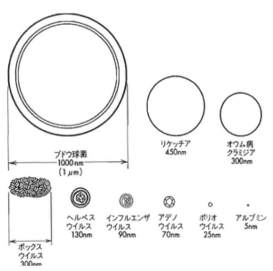

図19　細菌とウイルスの大きさの比較

さて、ヒトゲノムは間違いなく DNA だが、ウイルスゲノムは DNA か RNA のいずれかである。コロナウイルスの殻（カプシドと呼ぶ）の周囲は脂質でできた二重膜からなるエンベロープでおおわれるとともに、宿主への接着に必要な「スパイク様の構造体」を装備している。

ウイルスの分類学では、ゲノムの種類によって7タイプに分けられている。① ヒトと同じ二本鎖 DNA をゲノムとして持つウイルスは、ヘルペスウイルス（帯状疱疹の原因）、アデノウイルス（プール熱）、天然痘ウイルス（疱瘡）などである。また、② 一本鎖 DNA をゲノムとして持つウイルス（一本鎖 DNA ウイルス）も存在し、アデノ随伴ウイルスがそれである。さらに、③ 二本鎖 RNA ウイルスも存在し、食中毒を引き起こす「ロタウイルス」がそれである。④ 一本鎖 RNA ウイルスもいて、コロナウイルス、風疹ウイルス、日本脳炎ウイルス、デング熱ウイルス、C 型肝炎ウイルス、ノロウイルスがこの仲間だ。さらに、麻疹ウイルス、狂犬病ウイルス、エボラウイルス、インフルエンザウイルスも RNA ウイルスの仲間なのだ。一本鎖 RNA ウイルスは、厳密には、④ ＋鎖 RNA ウイルスと、⑤ 一鎖 RNA ウイルスの2種類がある。そのほか、エイズウイルスが属する⑥「レトロウイルス」が存在する。エイズウイルスのゲノム RNA は、ヒト体内に注入されるとウイルス自身がつくる逆転写酵素を使って、DNA 鎖を合成しながら増えてゆく。さらに、⑦は二本鎖 DNA 逆転写ウイルスである。何とも多彩なウイルスたちである。ちなみに、DNA から RNA がつくられる過程を転写と呼ぶが、RNA か

らDNAが合成されるので逆転写と呼んでいる。

　とにかく、ウイルスはきわめて小さいので、電子顕微鏡が開発された1934年以前にはウイルスを直接には観察できなかった。では誰が、どういうきっかけでウイルスを目で見られるようにしたのだろうか?

　つぎにウイルス発見の経緯にについて解説しよう。1982年、ロシアのドミトリー・イワノフスキーはタバコモザイク病にかかったタバコの葉をすりつぶし、細菌は通過できない磁器製のフィルターで抽出液をろ過し、その通過液を元気なタバコの葉に塗った。その結果、元気だったタバコはタバコモザイク病に罹った。同年、オランダのマルティヌス・バイエリングがこれを再確認し、通過液に含まれる病原因子を「液性伝染生物」と呼んだ。しばらくして、液性伝染生物に対しラテン語で「毒」を意味する「ウイルス」という名が与えられたのだった。液性伝染生物が原因だと判明した、最初の事例は野口英世が追い続けてきた「黄熱病」だったのだ。野口が活躍した時代は電子顕微鏡が開発されておらず、幸運の女神は野口には微笑まなかったと言える。

　現在も、「ウイルスは生物なのか、それとも無生物なのか?」という論争が生物学者の間で展開されている。ヒトに感染すると、ウイルスは体内で増殖して子孫を残し、環境の変化に応じて、ときに感染力を増すように変異し、重篤な病気を引き起こす。その行動はまさに生物そのものである。しかしながら、宿主から放出されたあとは、ウイルスの構成物は主にタンパク質と核酸だけになり、化合物のように結晶化させることさえできる。

　人間はウイルスに対して抗体をつくるが、人類全体が抗体を持ってしまうと、ウイルスは増えることができなくなってしまう。そこで、ウイルスの生き残り作戦として、DNAではなくRNAをゲノムとすることによってウイルス自身を変異しやすくしているのではないかとも推測されている。実際、DNAは2本鎖になっているので、翻訳ミスは起こりにくいが、RNAはミスが起こりやすい。翻訳ミスはほとんどが単なるミスで終わればウイルスとして増殖できないが、ミスを重ねていくと、ウイルスの増殖力や感染力が高まるという変異も起こる。

　さて、こんな議論自体は無意味なのかもしれないが、自己の遺伝情報を次世代に残すものを「生物」とすれば、ウイルスは確かに生物といえる。しかし、生物を構成する細胞には必ず細胞膜があり、その膜を介して内側と外側とを区分し、外側から取り入れた物質を生体成分につくり替える能力を持つ細胞

を「生物」とするのであれば、ウイルスは、すなおに生物とは呼べない。ただし、ウイルス学者の中には「例え、ウイルス自身が同化能力（小分子から大きな分子をつくる能力）を持っていなくても、宿主の持つ装置を利用して自己の遺伝子を次世代に残せれば、それは生物だ」と主張する者もいる。とは言っても、大多数の生物学者はウイルスの無生物論に傾いている。

ウイルス各論
エボラについては前のページで述べたので、それ以外のウイルスについて解説する。

a. コロナウイルス
コロナウイルスは、殻を囲むようにエンベロープ（脂質二重膜）を持つRNAウイルスである。コロナウイルスは上気道に感染しやすく、一般的には「風邪」症状の15%はコロナウイルス感染が原因である。「コロナ」の語意は、ウイルスのエンベロープに太陽のコロナ（corona）

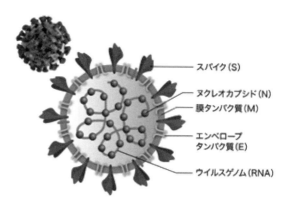

スパイク (S)
ヌクレオカプシド (N)
膜タンパク質 (M)
エンベロープ
タンパク質 (E)
ウイルスゲノム (RNA)

図20　コロナウイルスの構造

に似た「スパイク状の突起」が備わっているからだ。
　RNAウイルスであるSARSを解析した香港の研究者によれば、SARSウイルスが肺の組織で増殖すると、免疫系が肺細胞を攻撃するために肺機能が低下してしまうようだ。不思議なのは、なぜSARSを引き起こすウイルスが、突如、アジアで爆発的に広まったのかだ。香港政府によると、当時、SARSに初期感染した患者7名が同じホテルに同じ時期に宿泊していた。宿泊客のひとりは中国広東省からきた男で、宿泊の1週間前から体調は悪かった。香港の病院で死亡したその男がホテル内の人たちを「謎の肺炎」に巻き込んでしまったのだった。その布石となる事件として、2002年11月から2003年2月にかけて、中国広東省で重症肺炎が数百人規模で発生しており、これが世界的流行に繋がったとWHOは見ている。

　2003 年 3 月 24 日までに、ブルネイ、マレーシア、ベトナム、香港、中国などでも多数の患者が発生した。香港では 260 名が SARS を発症し、シンガポールの患者を加えると何と 740 名にも及んだ。特に、中国では、広東省以外の北京でも SARS 患者が多く発生した。SARS は、地域だけでなく、ルーマニア、カナダ、アメリカでも流行、2003 年 4 月上旬の WHO の発表では、世界中の感染者は 2,300 名を超え、死者も 90 名を超えた。その後も増え続け、7 月 3 日時点で WHO がまとめた世界の SARS 患者の累計は 8,439 名、死亡者は 812 名にも達したのだった。幸いなことに、台湾での感染の終息宣言が 7 月 5 日に行われ、SARS の世界的流行は終焉の時を迎えた。SARS がパンデミックに拡散したことで、世界中にウイルスの怖さを改めて知らしめた。

b. インフルエンザウイルスとスペイン風邪

　人類が最初に遭遇したパンデミックな細菌感染症は 1347 年に発症した「ペスト」であるが、近年のパンデミックなウイルス感染症は 20 世紀初めの「スペイン風邪」だ。累計の感染者は約 5 億人以上、死者は 5,000 万人から 1 億人に及んだ。1918 年当時の世界人口は 18-20 億人程度であったことから判断すると、世界人口の 3 割近くがスペイン風邪に感染したことになる。わが国でも、1918-1920 年当時の人口 5,700 万人に対し、39 万人ほどが感染したと推定されている（東京都健康安全研究センター年報、56 巻、369-374、2005）。

　スペイン風邪の世界的流行に先立って、1918 年 3 月に米国で最初の兆候があった。米軍は欧州へ進軍するため、大西洋を渡り、行きついた欧州でスペイン風邪が流行した。ここで強調したいのは、〝スペイン風邪〟はスペインから拡散していったものではない。インフルエンザウイルスのパンデミックが起こった当時は、第一次世界大戦の 5 年目で、各国が情報の統制を図っていた状況下で、中立国のスペインから情報が広がったため〝スペイン風邪〟という、スペインの人々にとって嫌な思いのする名前が付けられてしまったのだ。スペイン風邪は、第一次世界大戦で米国の多くの若い兵士がヨーロッパへ向けて大型船で送り込まれる中で船内がクラスターと化し、世界中で急速に感染が広がっていったのだ。1918 年の秋になると、世界中に拡散し、重症合併症を起こして死者が急増した。第 2 波として、1919 年の春から秋にかけても世界的に流行した。その後の調査で、スペイン風邪の病原体は A

型インフルエンザウイルス（H1N1 亜型）であると判明した。鳥インフルエンザウイルスも H1N1 亜型であることからすると、スペイン風邪はそれまでヒトに感染しなかった鳥インフルエンザウイルスが突然変異を起こしてヒトへの感染に至ったとの考え方が有力である。当時、スペイン風邪に対する免疫を持った人が誰もいなかったことも大流行の原因だったのかもしれない。

c. ノロウイルスとロタウイルス

冬になると、乳幼児や小学生のほか、高齢者が嘔吐症状で苦しむ場合が多い。嘔吐をともなった下痢の原因はノロウイルスとロタウイルスの感染だ。ノロウイルスゲノムは一本鎖 RNA で、コロナウイルスと違って、エンベロープ（脂質二重膜状の構造体）を持たない。ヒトからヒトへの伝染力が強いので、集団発生した場合は極めて深刻だ。激しい嘔吐は一日に 10 回以上続くこともある。潜伏期間は数時間から数日ほど（平均 1-2 日）で、症状持続期間は 10 数時間 - 数日（平均 1-2 日）程度である。

ロタウイルスは 1972 年に見つかった。ウイルスゲノムは二本鎖 RNA で、エンベロープを持たない。乳幼児ほどロタウイルスの感染を受けやすく、生後 2 歳までの乳幼児に感染すると、下痢症状に加えて「脱水症状」を起こすことがある。日本ではロタウイルス感染による乳幼児の死亡例はほとんどないが、世界的には年間 100 万人の乳幼児のロタウイルス感染症が重篤化して、最後は「急性胃腸炎」で死亡している。

d. 肝炎ウイルス

これまでに知られている肝炎ウイルスには 4 種類が存在する。A 型肝炎ウイルスは貝類を生で食べたり、海外旅行先で熱処理しない食物を摂取したりして感染することが多い。牡蛎は大量の海水を濾過しながら摂餌するが、その過程で A 型肝炎ウイルスを蓄積してしまう可能性がある。治療用のワクチンがあることから、国内での広い感染はないとされている。急性肝炎の原因になるが、劇症化する症例は少なく、治癒して慢性化することもない。B 型肝炎ウイルスは輸血や出産、刺青、性交渉、針刺し事故などにより感染する。わが国では 1986 年にワクチンが導入されたことから、若年層の感染は減少している。出産後、乳児期に感染するとキャリアになり、慢性肝炎、肝硬変、肝がんへと進展する場合がある。B 型肝炎訴訟は、幼少期に受けた集

団予防接種等（予防接種又はツベルクリン反応検査）の際の注射器の連続使用（昭和23年7月1日から昭和63年1月23日までの間）によってB型肝炎ウイルスに持続感染したとする感染被害者及びその遺族の方々が、国に対し損害賠償を求めている。平成18年6月16日、最高裁判所は、原告5名の幼少期に受けた集団予防接種等とB型肝炎ウイルス感染との間の因果関係を肯定し、国の責任を認める判断を示した。

　C型肝炎ウイルスは輸血や血液製剤、刺青により感染する。ワクチンはないが、感染しても肝炎は重症化せず、急性肝炎としての自覚症状がないこともある。約30%のヒトではウイルスが排除されるが、約70%はキャリアになり、慢性肝炎に移行する。肝硬変や肝がんに進展する原因のもっとも大きな要因となる。

　E型肝炎ウイルスはブタ、イノシシ、シカなどの動物を介してヒトにも感染する。従来は発展途上国に多かったが、最近、日本でも感染が確認されている。ワクチンもないため、生肉を食べないことが唯一の予防策といえる。

新型コロナウイルス感染の季節性

　インフルエンザの感染力は非常に強く、日本では毎年1千万人ほどが感染している。冬に流行するインフルエンザのように、新型コロナウイルスも寒い方が流行しやすいと誰しも思うのではないだろうか。一般的には、呼吸器系のウイルス感染症には季節性の変動があり、冬の乾燥した寒気がウイルスの安定性と伝播力を高めるだろうし、ヒトの免疫系も弱める傾向にある。では実際、新型コロナ感染は寒い時期に流行するのであろうか。どうも、以下に示すごとく、必ずしも気温や湿度だけが流行を規定するわけではないようだ。実際に気温、湿度、標高などの環境要因と集会禁止、学校閉鎖やソーシャル・ディスタンスといった社会的介入を含め、新型コロナの流行抑制を検討した研究がある。それによると、気温は流行を抑制するわけではなく、わずかながら湿度の違いが感染抑制と関連性が認められた。すなわち、気温や湿度は新型コロナウイルスの伝播には影響するが、冬だからといって必ず夏よりも流行するとは限らず、流行するかどうかは感染対策によって左右されるのだ。とにかく、まずはマスクの装着と3密を避ける対策をとることが重要だ。

ウイルス感染症の治療薬

　ワクチンはあくまでも「予防」が目的であって「治療」が目的ではない。また、ノーベル生理学・医学賞を受賞された、本庶佑 京都大学高等研究院 特別教授は、「ワクチンへの過度な期待はしないほうがよい」と述べている。マイクロソフト社を創立したビル・ゲイツはエイズウイルスのワクチン開発に私財を注ぎ込んだが、未だ成功していない。それはなぜか。エイズウイルスのゲノムである一本鎖 RNA は立体構造が不安定なので、遺伝子変異を招きやすい。インフルエンザにワクチンを投与しても効かないことが多いのは、流行中にウイルス遺伝子変異がおきるからである。すなわち、ワクチンが完成したときには開発当初とは異なる遺伝子を持ったウイルスが蔓延している可能性が高く、効果が得られないことになる。他に、ワクチンには「副作用」があり、最近は副反応と呼んでいるが、ここに大きな問題がある。ワクチンの有効性を評価するためには、数千人規模の健常者を集めて、投与群と非投与群に分け、両者の感染率を比較する。この際、例えば、ワクチンを投与した数千人に感染者はいなくても、一体ワクチン非投与群に何人の感染者がいたら、そのワクチンは有効なのかとの疑問が残る。

　そのように考えると、ワクチン開発より治療薬の開発を優先すべきと考える。治療薬の投与にあたっては、ウイルス感染症に「潜伏期」、「初期発症期」、「重症期」の段階のあることを考慮に入れて、使うべき治療薬を開発もしくは選択するほうが良いのかもしれない。病原体が感染すると、免疫システムが作動するが、その初期には免疫を活性化する薬剤が効果を示すが、重症期になると、逆に免疫反応が暴走する「サイトカインストーム」が起きるので、それを抑える薬剤が役に立つ。著者は薬学分野で研究活動しているが、薬の国産化は国家の独立と安全保障の確立のために必要だ。新型コロナ感染症で、社会システムの再構築、医療制度の改革ならびに生命科学の重要性が、改めてクローズアップされた。

　1960 年代になると、ポリオや麻疹のためのワクチンが開発され、これで急性ウイルス感染症は予防できる時代に突入したように見えた。ところが、天然痘の根絶宣言を WHO が出した 1981 年には、突然、エイズウイルスが出現してしまった。WHO は「かつては知られていなかったが、新しく認識された感染症」を意味するエマージング感染症としてエイズをそのカテゴリーに入れた。

　ウイルスの感染によって発症する癌として子宮頸がんが知られている。この病原体はヒトパピローマウイルス（HPV）だが、性交渉によって男性から移される。そこで、欧米の国では、女性だけではなく男性にも HPV ワクチンの接種を推奨しているが、日本では厚労省が認可しておらず、HPV ワクチンを男性は接種できないのだ。

　一方で、治療薬ができればワクチン接種は必要ないのではないかと考える人がいるが、インフルエンザにはワクチンと治療薬があるように、新型コロナウイルス感染症対策としても、ワクチンと治療薬の両方とともに、消毒と換気、マスクの装着、過密の防止など、公衆衛生の施策が必要だ。

地球の人口増と温暖化が感染症を拡大

　エマージング（emerging）感染症は、いったいどんな経緯で出現するのだろうか。通常、都市が拡大していくと、そこに働く人たちは住み家を求めて、開拓以前には森林であった土地に移り住むことになる。そして、その地域にかつて住み着いていた野生動物を自然宿主として、それまでは隔離状態であった動物ウイルスや病原細菌が住民と接触する機会が増える。その結果、動物を介して、病原体がヒトに感染する可能性は高く、ライム病もそのひとつだ。この病気は関節炎に似た症状だが、蚊やダニやノミに刺されることによって発病する。

　かつて、米国コネチカット州のオールドライムの町の人たちが、夏限定でライム病にかかった。オールドライムは、昔、森林地域だったが、宅地開発が進んで街となった。その街に出没したシカが住民と接触し、シカに付着していた「マダニ」に触れて感染してしまったのだった。ただし、ライム病の病原体はウイルスではなく、スピロヘータ・ボレリアだ。治療せずにおくと、やがて慢性萎縮性肢端皮膚炎、髄膜炎、視神経の委縮、疼痛などをともなった慢性関節炎を発症する。

　ところで、地球人口は右肩上がりに増加している。それに連動して食料の供給増加が必要となり、国によっては衛生環境を考慮せずに、家畜をヒトの居住地域内で飼育するのを許している。これは種類の違う家畜に寄生したウイルス同士を接近させることにもつながり、ウイルス同士で遺伝子交換する可能性がある。その結果、人間を襲う新種ウイルスの出現を許す可能性もある。さらに、生命科学研究がマイナスに働く可能性もある。例えば、研究中に、故意に変異させたウイルスが人類に感染するリスクがある。それはバイ

オテロにもつながる。地球上のどこかで常に起きている戦争や紛争、それに飢餓と貧困もまた、病原体の伝播の場を提供している。

　地球環境は人口増加だけでなく、確実に温暖化にも向かっている。地球を取り巻く温室効果によって、これから数十年のうちに世界の気温が5℃は上昇するとの予測がある。そして、地球の温暖化は、ウイルスを媒介する昆虫の幼虫から成虫への変化速度も早める。通常より気温が少し高くなったり、夏期間が少し長くなったりすると、病気の伝染性に大きな変化がおこる。例えば、病原ウイルスを媒介する蚊の大量発生を促しかねない。例え、地球の温暖化がわずかであっても、昆虫とそれを補食する動物の成長の同調性は崩れてくる。今までなら、蚊と捕食昆虫（例としてトンボ）の成虫時期が一緒だったものが、次第にズレを生じ、温度が1℃上昇しただけでも、食うものと食われる者が同時期に現われなくなってしまう。このように、ウイルス感染の危険地帯が拡大し、これまで熱帯雨林地帯のみで増殖していたウイルスが、密林地帯の開発と地球の温暖化が原因で、北に向かって移動する結果、地球の温暖化がヒトへの危害リスクを高めることになる。2020年は、観測史上最高の平均気温であったことが判明した。産業革命前と比べると1.25℃上昇していることも明らかになり、地球温暖化の加速による"気候危機"の被害もすでに出始めている。科学者たちは、シベリアなどの永久凍土の融解が止まらなくなることを心配している。永久凍土の中には数多くの"未知のウイルス"が眠っていると推測されており、実際増殖能が著しく高い新種のウイルス「モリウイルス」が発見されているし、さらに二酸化炭素の25倍の温室効果を持つ『メタンガス』が大量に放出されることも懸念されている。2016年にはシベリアの凍土から解けだしたトナカイの死体から拡散した炭疽菌が2,000頭以上のトナカイに感染したという（Gross, M., Current Biology, 29, R39-R41, 2019）。永久凍土の融解は「感染症の時限爆弾」と言えるかもしれない。

　フランスの研究チームはモリウイルスが生物の細胞に入ると12時間で1,000倍にまで増殖することを見出した。これは「遠い将来」の危機ではなく、今、人類は正に瀬戸際に立たされており、今後の10年間に向けて、すぐにでも地球温暖化対策に真剣に取り組まなければならない。温暖化研究の世界的権威である、ドイツのヨハン・ロックストローム博士らが提唱しているのが「ホットハウスアース（灼熱地球）理論」だ。気温上昇が産業革命前から1.5℃を超えて、さらに上昇していくと、温暖化の進行が後戻りできな

い臨界点を超えてしまい、ドミノ倒しのように暴走していくという理論である。

新型コロナウイルスの起源

　さて、地球上に拡散してしまった新型コロナウイルスにおける世界の感染者数は 2022 年 4 月現在で 5 億人、死者の数は 600 万人（累計）を超え、スペイン風邪の再来かもしれないと世界中を震撼させている。中国・武漢研究所に保管されている「未知ウイルス」が新型コロナウイルスの起源であるとの説がある。2012 年春に英国の新聞サンデータイムズは、「廃鉱となった雲南省の銅山でコウモリの糞の除去に関わった作業員 6 名が発熱と咳と呼吸困難を伴った重い肺炎を発症、そのうち 3 名が死亡した」と報じた。この症状は新型コロナ感染者と酷似しているので、自然宿主はコウモリだとの情報が流れた。翌年、武漢研究所のチームは雲南省の銅山に出向き、コウモリの糞から改めてウイルスを分離した。同研究所が 2020 年 2 月に発表した論文によると、コウモリから分離されたウイルスの遺伝子は新型コロナウイルスのそれと 96％似ていたという。

　米国の研究チームは、2022 年 7 月 26 日付の米国の科学誌「サイエンス」に、新型コロナウイルスの起源が中国武漢の海鮮市場であるとする研究結果を発表した。感染が拡大し始めた 2019 年 12 月にその海鮮市場周辺に感染が集中し、しかも市場で野生動物を飼っていたケージ（カゴ）にウイルスが付着していたことから、この市場でヒトへの感染が始まったと結論づけた。さらに行われた遺伝子解析から、市場で感染が始まったのは 2019 年 11 月中旬以降の可能性を指摘した。

天然痘は地球から完全に抹殺できた唯一のウイルス感染症

　天然痘は疱瘡（ほうそう）とも呼ばれ、ポックスウイルス科（Family Poxviridae）に属する二本鎖 DNA ウイルスの感染によって発症するが、飛沫を介してヒトにしか感染しない。1-2 週間の潜伏期のあと発熱および頭痛と関節痛が起き、数日たつと発疹が現れる。発疹は水泡状で、化膿して膿が溜まった「膿疱」を生じたあとで、かさぶたになる。通常は 2-3 週間で回復するが、死亡率は高く 20-50％に達する。かさぶたの跡が「あばた」として残るため、昔は見目定（みめさだ）とも呼ばれた時期がある。

　2022 年 7 月現在、欧米で感染拡大している「サル痘」は、78 ケ国で

18,000 人以上の感染者がいる。サル痘の初めての感染がヒトで確認されたのは、1970 年、ザイール（現 コンゴ民主共和国）だった。病原体は、天然痘ウイルスと同じファミリーである「オルソポックスウイルス」属のサル痘ウイルス（Monkeypox virus）である。

2022 年 7 月 29 日に開催された厚生労働省専門部会で、サル痘の予防接種は「天然痘ワクチン」を用いることを決めた。そのワクチンの予防効果は 85％である。

米国疾病対策センター（CDC）によると、アメリカ国内のサル痘の感染者は 2022 年 8 月 10 日時点で 1 万 392 人となり、1 万人を超えた。なかでもニューヨーク州が 2132 人と最も多く、つぎがカリフォルニア州の 1892 人である。

中国の山東省や河南省で「トガリネズミ」に由来するとみられる、「狼牙ヘニパウイルス（LayV）」と名づけられた新種のウイルスに計 35 人が感染したという論文が英国医学雑誌（New England Journal of Medicine）の 2022 年 8 月号に掲載された。死者や重傷者は今のところ出ていないが、発熱や倦怠感、咳などの症状を訴えている。トガリネズミが LayV を媒介してヒトに感染した可能性があるという。

「帯状疱疹」は昔からある病気で、皮膚に水膨れが帯状に現れる。体内に潜んでいたヘルペスウイルの仲間である「水痘・帯状疱疹ウイルス」によって発症する。子供のころ水疱瘡（水ぼうそう）にかかった人は、大人になってから帯状疱疹になり易い。加齢、ストレスおよび過労などが引き金となって、ウイルスに対する免疫力が低下し、潜んでいたウイルスが神経を介して皮膚に到達して帯状疱疹になる。

中世ヨーロッパの社会構造を変えた黒死病（ペスト）

人類がこれまでに直面し、歴史的に語り継がれてきた感染症は「黒死病」と呼ばれる「ペスト」である。ペスト菌に感染して発症するペストは、西暦 540 年頃ローマ帝国を襲ったが、14 世紀にも欧州で大流行した。当時の欧州の総人口は 1 億人ほどであったが、そのうちの 2,500 万人が死亡したと語り継がれている。抗生物質が発見されたのは 20 世紀であり、14 世紀には人類はどうして良いかわからないままペストに恐れ慄いた。

　ペストはエルシニア・ペスティス（*Yersinia pestis*）という細菌が感染して発症する。この細菌はグラム陰性の通性嫌気性桿菌であり、腸内細菌科に属する。感染すると皮膚が黒くなる特徴から「黒死病」と呼ばれた。ペスト菌は、1894年、パストゥール研究所のアレクサンドル・イェルサンが香港へ調査に行って発見した。ちょうど同じころ、北里柴三郎がイェルサンとは独立的にペスト菌を発見した。しかし、ペストという病気とペスト菌とを結び付けて考えたのはイェルサンが最初だったので、1967年、イェルサンに敬意を表する意味で、エルシニア・ペスティスと名づけられた。

　ペスト菌はネズミなどのげっ歯類を自然宿主とし、ノミなどの節足動物によって媒介される。ペスト菌に感染した動物からの直接感染もあるし、肺ペスト患者からの分泌飛沫でヒトからヒトへも感染する。潜伏期間は通常1〜7日で、感染ルートと肺の画像によって、腺ペスト、肺ペストおよび敗血症型ペストのいずれかに分類される。

　ペストの治療にはフルオロキノロン系、アミノグリコシド系やテトラサイクリン系の抗生物質が使用され、2週間ほど投薬する。ちなみに、腺ペストの死亡率は30〜60％で、肺ペストの死亡率はさらに高い。抗生物質の開発前はペストのパンデミック感染が何度も起き、ヨーロッパも例外ではなかった。近年の流行はアフリカや南米であるが、北米やアジアでの散発的な事例は今なお報告されている.

Tea time　感染症の不気味さを描いた海外小説

　アルベール・カミュは、1957年、ノーベル文学賞に輝いたフランスの著名な作家である。彼の小説「ペスト」では、フランスの植民地アルジェリアのオラン市をペストが襲い、苦境の中で一致団結する民衆と無慈悲な運命、並びに人間関係を巧みに描いている。医師リウーは友人のタルーとともに市民を襲うペストの脅威に互いに助け合いながら立ち向かうが、あらゆる試みは挫折し、ペストの災禍は拡大の一途をたどる。

　同じことがわが国の新型コロナウイルス対策でも起こり、初期には感染症に挑む医療や政治家の行動が後手に回り、かつ、国民は厳しい感染状況から目をそらし、現実逃避を続けた姿と重なる。

　"オラン市内を走る満員電車内では、すべての乗客は背を向け合って、ペストの感染を避けようとしている"という記述は、新型コロナウイルスが猛威を振る

うなか、公共交通機関のバスや電車内にいるマスク無しの乗客に背を向け、自主警察のように睨みつけるヒトがいるのと共通の光景が見えてくる。

　ウレタンマスクは飛沫を防止する機能に劣るというデータが出されてからは、専門家や医師は不織布マスクを強く推奨するようになった。そこで現れたのが「不織布マスク警察」だ。実際、市中や電車で、ウレタンマスクを着用していたヒトが注意された事例があるという。

　サマセット・モームが書いた小説「サナトリウム（sanatorium）」は、昔は不治の病であった「結核」と「らい病」患者を隔離治療するためのサナトリウムで、薄命の美少女ミス・アイヴィと金持ちのテンプルトン少佐とのロマンスが、結核患者アシェンデンの口述によって語られる、病気を扱った短編小説集である。死を受け入れたアイヴィは残り少ない寿命を味わいながら、喜びに満ち溢れた最期を迎える（平凡社ライブラリー）。

　一方、アーネスト・ヘミングウェイの短編小説「ある新聞記者の手紙」では、アメリカ軍の兵士の妻が、悩み相談の手紙として書いた話を中心に描かれている。「梅毒」に感染して上海から帰国した夫とどのように向き合えば良いのかという妻の悩み相談である。梅毒が治療できるようになったのは 1940 年代で、それまでは不治の病で、ときに鼻が落ちて死ぬと恐れられた病気だった。このように、高名な小説家が感染症に罹患した人々の失意と希望を描いた作品を書いている。

Tea time　空港検疫所の悲痛な叫び

　蚊が媒介する感染症だけでも毎年 80 万人を超える死者が出ている。地球の温暖化は蚊の生息域を広げるので、感染症の深刻な懸念材料となっている。成田空港の検疫所には蚊を捕まえる装置が設置されているといい、訪日者や貨物を介して侵入する外国産の蚊の捕獲に真剣だ。

　マラリアやデング熱に加えて、日本脳炎、ジカ熱、さらには黄熱病など、蚊が媒介して広がる感染症は多い。年間 2 億人を超える人々がマラリアに感染し、40 万人が死亡している。これまでアフリカを中心とした熱帯地方の風土病だったものが、地球環境の変化で、何らかの対策をしないと、ゆくゆくは世界人口の半数がマラリアに感染するリスクがあると世界銀行は推測している。

第7章　伝統的発酵技術

　果物や野菜、生魚などを室温に長く放置すると、これら食品の形が崩れたり悪臭を放ったりするようになる。その原因は農水産物に付着していた微生物の持つ酵素により、食品中のタンパク質や炭水化物が分解されたためである。冷蔵庫に入れているから大丈夫との安心感が仇となって、庫内の悪臭に鼻をつまんだ経験のあるヒトがいるかもしれない。これが「腐敗」であり、タンパク質の分解によって生じた硫化水素やアンモニアが悪臭の元である。

　一方、「発酵」は「腐敗」と同じように、食品に含まれる成分が微生物の働きによって分解される現象であるが、牛乳に乳酸菌を加えて一昼夜ほど置くと乳酸が生じ、すっきり味のさわやかなヨーグルトができる。他方、蒸した米に麹菌と適量の水を加えると、米のデンプン（澱粉）が麹菌の持つ酵素（アミラーゼ）で分解されて、ブドウ糖（グルコース）ができるために甘い飲料となる。これが「甘酒」であるが、甘酒と呼ばれながらもアルコール度は 0% だ。麹菌は米の表面で増殖し、アミノ酸、ビタミン B1、B2、B6、パントテン酸、ビオチンなどをつくる。江戸時代の庶民は滋養強壮用ドリンクとして、「ユンケル」ならぬ、「甘酒」を飲んでいた。特に、夏バテ防止用に「甘酒」を好んで飲んだ。日本酒造りには、甘酒を製造した後に、水と酵母を加えて 28℃に置く。その結果、酵母がアルコール発酵して「エチルアルコール」が生ずる。

　このように、乳酸菌あるいは麹菌や酵母を利用して、ビタミン、乳酸やアルコールなど、ヒトに役立つものをつくる場合、「発酵」と呼んでいる。すなわち、発酵と腐敗との違いは、人間の感じ方で決めたことで、どちらも微生物の力によって物質が変化し、それが人間にとって有益なものであれば「発酵」と言い、有害なものであれば「腐敗」と呼ぶ。

　「納豆」は蒸した大豆に、枯草菌の仲間である納豆菌（*Bacillus subtlis* の亜種　ナットウ：*Bacills subtilis subsp. natto*）を接種して、37℃にしばらく放置するとできる。日本人の多くは納豆が発酵食であると言っても反対する人はいないだろう。しかし、外国人のなかには腐った食品だとまともに思うヒトもいるらしい。

一般的には、「豆」は古くから、煮豆、和菓子の餡（あん）などとして、日本の伝統食文化を支える素材であった。小豆（あずき）、インゲン豆、紅花インゲン豆（花豆）、えんどう豆、そら豆、ひよこ豆などは、乾燥豆の重量の50%以上がデンプンを主体とする炭水化物である。また、これらの豆類は、タンパク質も20%ほど含むが、脂質は約2%しかないことから、健康維持やダイエットに最適な「低脂肪・高タンパク質」食品と言える。「煮豆」と聞くと甘く煮たものを思い出すが、「煮豆」を室温に放置しておくとアンモニア臭のするときがある。これは発酵とは言わず、腐敗と呼ぶ。

　発酵食品だと言って、腐らないとは限らないのだ。味噌や醤油は腐敗しにくいが、甘酒は腐りやすい。糖分の豊富な甘酒に腐敗菌が侵入すると、それを阻止する成分が甘酒には含まれていない。ちなみに、塩分濃度が高い発酵食品やアルコール飲料は、それらの成分で腐敗菌の増殖を抑えることができる。

　乳酸菌を利用してヨーグルトを製造する場合には発酵と呼ぶが、乳酸菌が清酒の製造過程で混入すると清酒が酸っぱくなってしまう。清酒の酸敗の原因をつくった乳酸菌は、特に醸造界では「火落ち菌」と呼び、悪玉菌である。他方、強烈な臭いの「くさやの干物」や「ふなずし」を味わっても、ヒトが美味しいと感ずれば、発酵食品である。微生物の種類によって「これが腐敗だ」と定義されるものではなく、悪臭のする食品を食べても、通常、下痢や嘔吐などの症状はみられない。それに対し、食品衛生上問題となる病原微生物が食品中で増殖して毒素をつくると、それを食べた人が下痢や嘔吐などを引き起こすことがある。いわゆる食中毒である。日本では、ウイルスや寄生虫（原虫）を含めて、20種類ほどの微生物を「食品衛生法上の食中毒性微生物」と定義している。例えば、赤痢、コレラ、チフスおよびパラチフスの発症は、おもに食品や水の摂取が原因であることから、1999年に施行された「感染症予防新法」が施行されて以来、これら感染症の原因細菌が飲食物を経由して腸管感染症を引き起こした場合に「食中毒菌」として取り扱われる。

発酵食品は微生物がつくる

　各種発酵食品の独特の味を出すためには、特定の微生物が働きやすく、雑菌の繁殖が起きないよう、温度、湿度、空気、培養成分などの環境を整える必要がある。「発酵」を学問的に定義すると、「微生物が酸素のない条件下で

炭水化物（糖）を分解し、代謝することにより、エネルギーを獲得すること」
を言う。発酵食品を製造すると言っても、利用する微生物の種類により、以
下のように分けられる。

(1) カビ利用の食品：　　　醤油、味噌、甘酒、鰹節、みりん

(2) 酵母利用の食品：　　　ビール、パン、ウイスキー

(3) 細菌利用の食品：　　　ヨーグルト、バター、チーズ、食酢、漬物、納豆、
　　　　　　　　　　　　　塩辛

(4) カビと酵母の併用：　日本酒

醤油

　蒸した脱脂大豆と小麦を混ぜ、醤油麹菌と米麹菌を加え、3 日間ほど培養
すると麹（こうじ）ができる。できた麹に最終濃度で 22％の食塩水を混ぜ、
ときどき拡販しながら、1 年間ほどかけて「醪（もろみ）」をつくる。成熟
した「もろみ」は、圧搾、ろ過し、さらに 60℃に加熱（これを火入れと呼ぶ）
後、防腐剤として安息香酸を加えて容器に詰める。ちなみに、醤油の製造に
使われる麹菌は菌糸が短く、タンパク質の分解性とグルタミン酸の生成能力
が高い。

味噌

　料理に使う調味料はわが国の食文化に一役買っている。「さしすせそ」と
言えばなるほどと頷く人もいるだろう。「そ」が「味噌」のことである。
味噌は原料の違いによって、米味噌、麦味噌、豆味噌、合わせ味噌に分けら
れている。現在生産されている味噌の 8 割は米味噌である。米みそ原料は
米のほかに、黄麹菌（アスペルギルス・オリゼーや　アスペルギルス・ソーエ）、
大豆及び食塩を加えてつくる。味は甘口と辛口が人気で、辛さは食塩の量と
大豆に対する米麹と麦麹の配合比率で決まる。味噌や味噌汁には塩分が含ま
れているので、「高血圧」のヒトには良くないと認識されている。ところが、
食品臨床試験の結果、その説は誤解されているようだ。成分分析したところ、
むしろ、味噌には血圧を下げる降圧物質が複数含まれていることがわかった。
さらに、被験者ボランティアの女性に一日 3 杯の信州味噌の味噌汁を飲んで
もらったところ、角質層の水分量が増え、肌荒れが改善されたとの報告があ
る。さらに、味噌汁を飲まなかった女性と比べたところ、肌のシミが減少し
たとの報告がある。

みりん

　アルコールまたは焼酎に米麹および蒸したもち米を混合し、20% 程度の
アルコール濃度で 20-40 日間、25-30℃に密閉保存して熟成させる。でき
た「もろみ」を袋に入れて圧搾ろ過し、粕を除いたものが「みりん」である。
市販の「みりん」は、アルコール含量を 14% ほどに調整した調味料である。

葡萄酒（ワイン）

　酵母は嫌気環境（酸素の少ない条件）では、以下の反応式に示すように、
ブドウ糖をエタノール（エチルアルコール）と二酸化炭素（炭酸ガス）に分
解することで、増殖に必要なエネルギーを得ている。葡萄酒の原料となる葡
萄ジュースにはブドウ糖が含まれており、後から示す日本酒の原料は米に含
まれる澱粉を麹菌が持っているアミラーゼ（糖化酵素）で分解してできるブ
ドウ糖を清酒酵母がアルコールに変えているのだ。

$$C_6H_{12}O_6 \text{（ブドウ糖）} \rightarrow 2C_2H_5OH \text{（エタノール）} + 2CO_2 \text{（二酸化炭素）}$$

　フランスとイタリア製のブドウ酒は世界の半分を占めている。赤ブドウ酒
は、赤または黒色のブドウ果皮や種子を果汁中に残して発酵させる。アント
シアニン色素とタンニンが溶出され、渋み味がする。白ブドウ酒は、緑色
ブドウまたは赤ブドウの果皮を除いたものを発酵させる。ブドウの果皮に
はもともと大量の酵母が存在し、果汁はそのままでも自然発酵する。白ブ
ドウ酒ではサッカロマイセス・セレビシエ（*Saccharomyces cerevisiae*）を接
種後 15-20℃で、3-4 週間、赤ブドウの場合、25℃にて、1-2 週間の主発酵
を行なう。最後にブドウ酒は、樫または楢でできた樽に入れたまま 白ブド
ウ酒では 1-2 年、赤ブドウ酒では 2-3 年間貯蔵し、その後、ビンに詰めて、
16℃で 3 年前後は貯蔵し、熟成させてから市販される。

　また、シャンパンはフランスのシャンパーニュ産の発砲性のワインのこと
である。生ブドウ酒に砂糖を加え、再発酵させて、多量の炭酸ガスを含有さ
せたものである。

蒸留酒

　英国スコットランド産のウイスキーはスコッチウイスキーと呼ばれる。原

料として麦芽のみを用いるものをモルトウイスキーと呼び、大麦、ライ麦、トウモロコシ、小麦などを麦芽酵素で糖化したものをグレーンウイスキーと呼ぶ。スコッチウイスキーや日本産のウイスキーはモルトウイスキーの仲間である。

　具体的には、吸水させて大麦を発芽させる。これに無煙炭と泥炭（ピートと呼ぶ）を加えて、燻煙、乾燥して、麦芽にウイスキー独特の煙臭を吸収させる。次に乾燥麦芽の根を除いてから粉砕し、温水を加えて糖化し、これにウイスキー酵母としてサッカロマイセス・セレビシエを接種、25℃前後で3-4日間アルコール発酵させる。これで5-8%のアルコール発酵液ができるので、それを蒸留して原料の揮発成分を捕集して風味を高める。

　蒸留直後のウイスキーは不快臭を持っているが、これを長期間、ナラ、カシ、白オークでできた樽に貯蔵して成熟させると、独特の風味が付けられる。成熟した麦芽ウイスキーは、さらに成熟年度の異なるものやグレーンウイスキーなどと混合し、最終アルコール濃度が40-43%となるウイスキーができる。

ビール

　今から6,000年前にはエジプトでビールがつくられていた。大麦を発芽させ、麦芽（モルトと呼ぶ）をつくる。麦芽にはアミラーゼ活性（デンプン分解活性）がある。麦芽を粉砕して水と副原料の米やコーンスターチなどのデンプン質素材を混合し、50-70℃で加温すると、アミラーゼが働いて、デンプンがマルトース（麦芽糖）やデキストリン（低分子の炭水化物）へと変換される。タンパク質も麦芽のもつ酵素によって分解される。デンプンが完全に分解されたら糖化液をろ過する。得られた透明な麦汁を煮沸がまに入れ、ホップも加えて90-120分ほど煮沸する。つぎにビール酵母（サッカロマイセス・セレビシエ）を加えて10℃以下で6-10日間発酵させる。この過程でアルコールと炭酸ガスが発生し、酵母の菌数も1 mLあたり6,000万個まで増殖する。発酵の終わったビールは冷却して貯蔵タンクに移し、0-2℃の低温で30-45日間ゆっくり再発酵して成熟させる。ホップに含まれる苦味成分がビールの味の決め手となる。

日本酒（清酒）

　蒸した米、水、麹に酵母を加えたものを「酒母（しゅぼ）」と呼び、醪（も

ろみ）の発酵を促す酵母を大量に培養したものだ。ここへさらに蒸米、麹、仕込み水を加えて発酵させたものが醪で、ドロドロの液体（発酵液）である。ここで重要なのが、アルコールを生成する酵母の培養に際し、醸造に有害な微生物が増えるのを抑えるために酸性環境をつくる必要がある。そこで、乳酸の添加、またはアルコール濃度が高まると生きてはいけない乳酸菌を加えて酸性環境をつくっている。

　清酒は糖化（デンプンが分解されてブドウ糖のできる反応）とアルコール生成が、醪のなかで同時並行的につくられる。このような並行複発酵での醸造法は世界で類をみない。それだけに高度の発酵技術を要する。さらに言えば、蒸留を行なわずに発酵工程だけでアルコール濃度が 20% を超える酒は日本酒以外にはない。日本の酒税法では、「米と米麹と水を素材として発酵させたあと濾過した飲料」を特に「清酒」と呼んでいる。

　麹をつくるためにカビの一種アスペルギルス・オリゼ（*Aspergillus oryzae*）を用いる。また、アルコール発酵に使われる酵母はサッカロマイセス・セレビシエ（*Saccharomyces cerevisiae*）である。

　かつては発酵させた醪を濾過した後、「低温殺菌」してから数ヶ月間貯蔵して熟成させたものを「清酒」として販売していたが、最近は濾過した直後のものを「搾りたて」、あるいは、熱処理しない「生酒」、生で貯蔵・熟成させ、出荷時に低温殺菌する「生貯蔵酒」など、清酒もバラエティーに富んでいる。日本酒造りのエキスパート「杜氏（とうじ）」たちの手肌は透き通って輝いている。彼らが手塩にかけて醪の中の麹菌や酵母と接することで、微生物の恩恵を受け取っていると想像する。

納豆

　蒸した大豆に納豆菌（*Bacillus natto*）を接種して発酵させた食品であり、ビタミン K や大豆タンパク質を豊富に含んでいる。納豆菌は芽胞をつくるので、数分間の煮沸では死なない図太い細菌である。納豆 100g あたり 4.9 - 7.6g ほど含まれる食物繊維は腸内環境を改善するのに有効である。また、納豆には抗菌作用もあり、赤痢、腸チフス、病原性大腸菌などの増殖を抑制することから、昔は病原細菌による食中毒の治療に用いられていた。さらに、血栓を溶かす酵素ナットウキナーゼも含まれている。この酵素は血栓の主成分であるフィブリンに作用して分解するとともに、血栓溶解酵素であるウロキナーゼの前駆体酵素であるプロウロキナーゼを活性化する作用、さらに言

えば、血栓溶解酵素プラスミンをつくるプラスミノーゲンアクチベーター（t-PA）量を増大させる作用もある。血栓は深夜から早朝にかけてでき易いので、納豆は夕食のときに食べるのが良いのかもしれない。

漬物

　京都の冬の代表的な漬物「すぐき漬け」は有名だ。「すぐき」と「塩」だけで漬け込み、乳酸菌による発酵作用で味わい深い酸味が特徴である。そもそも原料の「すぐき」は京野菜であるため、全国的にはあまり馴染みのない漬物かもしれない。「すぐき漬け」から分離された乳酸菌は *Lactobacillus brevis* と同定された。近年、この菌を活用した発酵飲料「ラブレ」という商品名を聞いたヒトがいるかもしれない。

　沢庵漬けは僧侶が考案したとの説がある。江戸時代の臨済宗東海寺の沢庵宗彭が開発し、徳川家光が東海寺を訪れた際、食べてとても気に入って、「この漬物に名前がなくば、沢庵漬けと呼ぶべし」と言ったという。

　日本の漬物はダイコン、ニンジン、カブなどの根菜類や、ナス、キュウリなどの果菜類が多い。特に根菜類は不溶性の食物繊維を多く含むので、それを積極的に食べれば腸の調子を整えてくれる。

　漬物は塩分濃度が高いと思うヒトは多い。塩分の取り過ぎは高血圧や脳卒中発症のリスクになるのは事実であることから、漬物を食べないヒトがいる。ところが、漬物が高塩分だったのは昔の話で、漬物メーカーは塩分の低い漬物の開発も進めている。ちなみに、身体のカリウムとナトリウムのバランスが崩れると、細胞内から水分が血液中に移動する結果、血液中の水分が増加し血圧が上昇、これが高血圧の原因の一つとされている。野菜や漬物を多く摂取し、カリウムを体内に取り込むことは、余分なナトリウムを尿中に排出することにつながり高血圧の予防にもなる。漬物は塩化ナトリウムを含んではいるが、同時にカリウムを多く含む野菜からできていることを知っておくことも有意義である。

　国内の大手食品会社は、京都府立医科大学の岸田綱太郎教授が「すぐき漬け」から分離したブレビス菌（*Lactobacillus brevis*）が免疫機能を高めるとの研究成果に着目した。具体的には、栃木県内の小学生2926名を被験者として、ブレビス菌を継続的に摂取してもらい、インフルエンザの罹患リスクが低減化するか否かを調査した。言うならば、食品の臨床試験を実施したのであった。まず、児童を2群に分け、乳酸菌を摂取した群と、非摂取群（プ

ラセボ群と呼ぶ）を比較した結果、プラセボ群のインフルエンザ罹患率が23.9% だったのに対し、摂取グループの発症率は 15.7% と有意に低かったと公表した。

　ところで、生体内にウイルスや癌細胞が侵入した際、細胞が反応して分泌する「インターフェロン」というタンパク質がある。この物質はウイルスやがん細胞の増殖を抑止し、免疫機能の向上や炎症を抑える働きのほか、NK（ナチュラルキラー）細胞を活性化する。興味深いことに、このブレビス菌にはインターフェロンの分泌促進作用があることも報告された。このように、乳酸菌特定株の摂取が病原微生物の生体への感染を防いでくれるようだ。

キムチ

　キムチは韓国が世界に誇る漬物である。唐辛子とニンニクが多く含まれているので、強烈な匂いと激辛な味を合わせ持つ。韓国では、朝昼晩の食卓には必ず白菜を漬けたキムチがある。これをペチュキムチと呼ぶ。街の食堂に入って食事をしてもペチュキムチは無料でお代わりできる。キムチ独特の風味は乳酸菌が増殖したことで醸し出されたものである。ちなみに、大根をサイコロ状に切って漬け込んだキムチを「カクトゥギ」と呼ぶ。

　1984 年以降、キムチ発酵微生物に関する研究が本格的に行われ、*Leuconostoc, Lactobacillus, Lactococcus, Strettococcus* および *Pediococcus* 属などの乳酸菌が発酵に関わっていることが明らかになった。キムチの発酵初期には *Leuconostoc* 属が、発酵中期以降には *Lactobacillus* 属が優勢となる。とくに、発酵初期の *Leuconostoc* 属は ほとんどが *Leuc. mesenteroides* であり、キムチの風味に強く関与し、発酵中期以降の *Lactobacillus* 属はほとんどが *Lb. plantarum* であり、過発酵に伴うキムチの酸味に関与している（Milk Science 58, 153-159, 2009）。

　キムチには乳酸、酢酸、コハク酸、プロピオン酸のような有機酸、ビタミンB 群が含まれている。キムチには抗腫瘍効果のあることが報告されているが、それは乳酸菌株のつくる二次代謝産物と関係している。

Tea time 食品を腐敗させる細菌

　納豆菌バチルス・ナットウのように、芽胞（胞子とも呼ぶ）をつくるバチルス・コアギュランス（*Bacillus coagurans*）という細菌は、トマトジュース、缶詰、魚肉ソー

セージ等を腐敗させる菌として有名だ。同じく芽胞をつくるが、生育に酸素を
嫌うクロストリジウム・ブチリカム（*Clostridium butyricum*）という細菌は酪酸
菌と呼ばれ、味噌や沢庵漬が不快な臭いになる場合はこの菌の影響である。こ
の細菌の仲間でありながら、強烈な食中毒を引き起こす菌としてクロストリジ
ウム・ボツリナム（*Clostridium botulinum*）が有名で、この細菌は菌体外に神経
毒を分泌する。このボツリヌス毒素を食物とともに摂取すると、急激に神経系
が侵され、死に至ることすらある。

第8章　発酵乳と乳酸菌

　人類が家畜を飼い始めたのは 10,000 年ほど前だが、乳の利用にはかなりの時間がかかった。紀元前 4,000 年ごろの古代エジプト時代の壁画にバターの製造法が描かれていることから推測すると、同時代にはチーズもつくられていた可能性は高い。古代ギリシャ時代や古代ローマ時代になると、旧約聖書にチーズの記載がある。日本でいうならば、縄文時代から弥生時代である。農民や修道士はいろいろなチーズを開発し、19 世紀半ばになると現在と同じチーズも製造されていた。

　20 世紀初めに「プロセスチーズ」が開発され、それまでのチーズは「ナチュラルチーズ」と呼んだ。チーズはこの 2 タイプに大別される。ナチュラルチーズは、乳、バターミルクもしくはクリームを乳酸菌で発酵し、凝乳酵素を加えて生じた「凝乳」から「乳清」を除去し、固形状にしたものである。プロセスチーズは、ナチュラルチーズを粉砕して熱で溶かし、乳化したものである。

　昔は、凝乳酵素（レンネット）として、仔牛のレンネットが用いられていたが、次第に供給不足となって、1960 年代からは、カビ（リゾムコア・プシラス：*Rizomucor pusilus*）がつくるレンネットで代用されている。

　ヨーグルト、すなわち「発酵乳」は、中近東の遊牧民が最初につくり、中央アジアから西アジアへと伝わり、それから世界中に広まっていったとの説がある。わが国ではヨーグルト製造に使われる乳酸菌はさまざまだが、欧米では、ストレプトコッカス・サーモフィラス（*Streptococcus thermophilus*）とラクトバチルス・ブルガリクス（*Lactobacillus bulgaricus*）が主流である。FAO（国際連合食糧農業機関）と WHO によって設置された「コーデックス委員会」が定めた国際規格では「ヨーグルト」と称するには、この二種類の乳酸菌を使用することが条件である。

　最近、大手乳業会社では、商品の独自色を出すためのキャッチコピーとして、「○○乳酸菌で排便回数が改善した」、「ビフィズス菌を摂取して腸内環境を改善しよう」とか、「出会えてよかった」などと宣伝している。

一口に「腸」といっても、腸は小腸と大腸の2つに大別される。

　小腸は大腸よりも「口腔や食道」に近いので、腸管内の酸素濃度は小腸の方が高い。したがって、生育に酸素を嫌う「偏性嫌気性細菌」は大腸にしか住めない。他方、小腸には「空腸」と「回腸」と呼ばれる器官があり、おもに栄養分の消化と吸収を担当している。小腸の長さは6mほどあり、小腸では吸収できない食物残渣と食物繊維が大腸へ送られる。空腸や回腸の腸壁にある、絨毛の未発達な領域である「パイエル板」が免疫担当細胞としての役割を担っている。さらに、小腸と大腸の境界付近に盲腸（虫垂）がある。昔は「盲腸炎」と言われた「急性虫垂炎」は虫垂内で細菌が増殖し、炎症が生じた病態をさす。その炎症が原因で、腹痛、発熱、食欲低下、嘔吐、下痢などが起きる。

　早期の虫垂炎は抗菌薬（抗生物質）の投与で治療するが、腫れを伴なったり、破裂したりしていると、外科的に虫垂の切除が行われてきた。言い方を変えれば、かつて、「虫垂は特段の生理機能を持っている訳ではなく、退化した臓器であろう」と考えられていた。そこで、外科医の中には虫垂炎の予防と称して、異常がない虫垂をついでに切除した例もあったようだ。ところが、最近、虫垂は重要な働きをしていることがわかってきた。

　抗生物質を乱用すると腸内細菌叢（腸内フローラ）が破綻し、悪玉菌の仲間であるクロストリジウム属細菌が増殖して「偽膜性腸炎」を誘発することがある。実際、虫垂を切除した患者の偽膜性腸炎の発症頻度は、切除していない患者に比べて高いという報告がある。そして、虫垂は善玉細菌の住処になっているとともに、腸内細菌叢の善玉菌と悪玉菌のバランスが崩れないように、正常な腸内フローラに戻す役目を担っていると考えられるようになった。しかし、逆に、虫垂を切除した結果、潰瘍性大腸炎の病態が改善したとの報告もある。このことは、虫垂が潰瘍性大腸炎の元凶であり、虫垂では悪玉細菌が生育するという、相反する意見であることから、最終決着は今後の研究に委ねることになろう。

　大阪大学の竹田潔教授らの研究グループは、2014年、これまで不要な組織と考えられていた虫垂に存在するリンパ組織が、「免疫力に影響するイムノグロブリンA（IgA）を産生するための重要な器官であり、かつ、腸内細菌叢（腸内フローラ）をコントロールしていることを発見した」と国際学術誌「ネーチャー・コミニュケーション：2014年4月10日のオンライン版」に発表した。

簡単に言うと、虫垂リンパ組織を欠如させたモデルマウスを作成して調べたところ、このマウスでは腸の IgA 産生細胞の数が減少し、かつ、腸内フローラに変動が起きることがわかった。すなわち、IgA は腸内フローラのバランス維持に重要な抗体であると結論づけた。このように、虫垂は、① 腸内細菌の善玉の住処（すみか）であり、② 腸内細菌のバランスが崩れたときに、正常な状態に戻す役割をしている。
次に大腸の機能について解説しよう。

　1.5m ほどの長さの大腸は、「上行結腸」、「横行結腸」、「下行結腸」「S 状結腸」および「直腸」から構成されている。上行結腸では内容物は「液状」だが、肛門に向かって通過する途中で水分が吸収され、横行結腸終末部から下行結腸までは「粥状」に、さらに S 状結腸で「糞便状」になる。そして、最後に食事の胃結腸反射反応で直腸に下り、大脳の排泄指令にしたがい、肛門括約筋の働きで「排便」される。ちなみに、便が形成される S 状結腸と直腸で「大腸がん」の発症頻度が高いのは、便が形成されるこの部位に悪玉菌（腐敗細菌）の数が多く、腐敗菌のつくる「発癌物質」量の多いためである。

　口腔から消化管にかけている細菌はヒトと共生関係にある。① 口腔内では、唾液 1mL あたり 10^8 個を超える細菌が検出される。② 胃には胃酸が存在するので強酸性のために菌数は減少し、空腹時には 10^3 個 /g 以下となる。③ 十二指腸から小腸上部には細菌はごくわずかしかいないが、④ 小腸の下部に向かって次第に菌数が増し、⑤ 大腸に達するとその菌数は急激に上昇して 10^{11} 個 /g（100 億個 /g）以上となる。その大腸の酸素分圧は小腸のそれより明らかに低く、いわゆる「嫌気状態」であるため、生育に酸素が必要な好気性細菌は大腸内で生きられない。

　ビフィズス菌は偏性嫌気性菌（酸素を嫌う菌）であり、10^8-10^{11}/g 近い菌数で大腸に生息している。また、芽胞（胞子）をつくる酪酸菌クロストリジウム・ブチリカム（*Clostridium butyricum*）も嫌気性なので大腸に棲息している。

　しかし、乳酸菌は嫌気性ではないので、大腸ではなく小腸下部に生育しており、その数も 10^7-10^8/g 程度と、細菌叢全体の総数の 1/1000 以下の菌数である。

　ビフィズス菌も乳酸をつくるので、通常の乳酸菌と同じカテゴリーで解説する宣伝も見受けられる。ビフィズス菌と乳酸菌とでは細胞形態も生理学的特性も異なる。ビフィズス菌は分岐した桿菌のような細胞形態をとる。一方、

乳酸菌は細長い形をした桿菌と球状をした球菌に大別される。細長い形状をした、いわゆる「桿菌」の代表はラクトバチルス（*Lactobacillus*）属であり、エンテロコッカス（*Enterococcus*）属、ラクトコッカス（*Lactococcus*）属、ペディオコッカス（*Pediococcus*）属などは乳酸球菌である。

　乳酸菌はグルコース（ブドウ糖）から 50% 以上の乳酸をつくる。ビフィズス菌は、乳酸以外に酢酸をつくる。ただし、ビフィズス菌の乳酸産生の割合は、乳酸菌と違い 50% に満たない。

　ちなみに、ある国内大手乳業会社では、「ビフィズス菌は酢酸をつくるが、乳酸菌はつくらない」ことをアピールしている。それは誤った情報で、乳酸菌は酢酸をつくることもあるし、エチルアルコールをつくる乳酸菌株もいる。すなわち、乳酸菌は菌株によって醗酵様式に違いがある。ちなみに、乳酸以外の物質もつくる醗酵様式を「ヘテロ乳酸発酵」と呼んでいる。乳酸のみしかつくらない場合には「ホモ乳酸発酵」と呼んでいる。

乳酸菌と不老長寿説

　米国の健康食品（ダイエタリーサプリメント）の 2013 年の市場は、3 兆2,400 億円の規模であり、未病改善や健康維持を目的とした機能性食品や健康サプリメントを愛用している人々はきわめて多い。Report Ocean が発表した新しい調査によると、栄養補助食品市場は 2026 年までに 3,494 億米ドルに達すると予想されている。

　わが国では、乳酸菌に関連した機能性食品に限ってみても、インフルエンザウイルスや、慢性胃炎と胃癌の危険因子である「ヘリコバクター・ピロリ」の感染予防を謳う「ヨーグルト」が市販されているほか、便秘改善と整腸をターゲットとする「乳酸菌飲料」も人気が高い。医療面では、私の研究室で推進している「潰瘍性大腸炎の改善」に役立ちそうな乳酸菌のつくる物質が見つかったほか、乳酸菌ストレプトコッカス・ズーエピデミカス（*Streptococcus zooepidemicus*）が産生するヒアルロン酸を利用した化粧品も上市されている。このように、乳酸菌は、未病および予防医学、美容、健康維持、病気治療に大いに期待されている。

　パストゥールが研究所長であった時代、彼の右腕となって活躍した研究者の中にイリヤ・メチニコフ (Ilya Ilyich Mechnikov) 博士がいた。彼はロシア出身の科学者で、「白血球の貪食作用」を発見した功績により、1908 年、ノーベル生理学・医学賞を受賞している。

メチニコフは腸管内の細菌がつくる腐敗物質こそが老化の原因であるとする「自家中毒説」を唱えた研究者としても知られる。彼は「酸乳すなわちヨーグルト」を摂取すれば、乳酸菌が腸内に定着して有害菌の増殖を抑えるため、老化を遅らせることができるという「不老長寿説」を提唱した。メチニコフが提案したその学説の根拠として、ブルガリアのスモーリアン地方には80〜100歳を超える村民が多く、そのほとんどが「酸乳」を日常的に飲んでいたという背景があった。その後の研究で、ブルガリアのヨーグルトから分離された乳酸菌が実際には腸内に定着できないことがわかってから、しばらくの間、欧州の乳酸菌研究は鳴りを潜めていた。その後、嫌気性細菌の分離・培養技術が開発されたことで「ビフィズス菌」の研究が進み、ヨーグルトの摂取はビフィズス菌の菌数を増すことが見出されたのだった。

写真20　イリヤ・メチニコフ

図21　乳酸菌発見の歴史

さまざまなタイプの乳酸菌がいる

　乳酸菌を細胞の形で分けてみると、先述したように、桿菌（rod）と球菌（coccus）とに大別でき、前者を「乳酸桿菌」、後者を「乳酸球菌」と呼んでいる。ただし、乳酸菌の分類系統解析からわかったことは、これまでの分類学で最も重視されてきた細胞形態が、必ずしも系統を反映しないと結論づけられたことである。たとえば、乳酸桿菌のラクトバチルス属と乳酸球菌ペディオコッカス属はともに、同じラクトバチルス科（lactobacillaseae）に属している。

　乳酸菌の学名や特徴を知ると、商品のパックに記された乳酸菌の名前に興味をもつことがあるかもしれないし、「リスクと戦う」などのキャッチコピー

で「LG21」を耳にすることもあるだろう。ちなみに、LG21 はラクトバチルス・ガセリ（*Lactobacillus gasseri*）の菌株番号で、「EC-12」との菌株番号を示す乳酸菌はエンテロコッカス・フェカリス（*Enterococcus fecalis*）である。これらの菌株番号は分離した研究者が自由に名付けることができるが、製品基盤機構 (NITE) に特許微生物として登録されることが多い。

　さて、ここでは食品分野で活躍するおもな乳酸菌の特徴を紹介する。

　まず、乳酸桿菌としてはラクトバチルス属が代表である。ストレプトコッカス属やペディオコッカス属は、種名の後に〜コッカス（-*coccus*）と記載されているので、球菌とわかるが、ロイコノストック（*Leuconostoc*）属も乳酸球菌の仲間である。

　少なくとも、1984 年までは乳酸菌はこれら 4 属のみであったが、遺伝子解析により属数が増やされた。これは企業の保有する乳酸菌を販売戦略的に利用したいとの想いも含まれている可能性は高い。

　2003 年、私は、自然界の植物源に特化して乳酸菌を探索分離する戦略を立てた。それは、国内外の企業とも，「ヒトにはヒトの乳酸菌」という、ヒト由来乳酸菌の使用が製品開発に良いとの視点に立っていたからである。まず、梨やバナナの葉由来の乳酸菌の分離に成功してから、各種の果物、野菜、花弁、薬用植物などから乳酸菌を探索分離していった。得られた乳酸菌の候補株は、遺伝子解析による同定が済むまでの期間は、とりあえず SN35N（No. SN35N）などとナンバリングしていった。ちなみ最初の S は私の氏名である SUGIYAMA、最後の N は梨から分離した意味を込めた。これを菌株番号という。そして SN35N 株のゲノム DNA の塩基配列を決定し、その塩基配列と相同性の高い DNA を有する乳酸菌をコンピュータ解析した結果、SN35N 株はラクトバチルス・プランタルム（*Lactobacillus plantarum*）と同定された。ラクトバチルス・プランタルムは他の研究者が別の分離源から取得している。私は SN35N を他のものと区別するため、梨から分離した乳酸菌をラクトバチルス・プランタルム SN35N と命名し、製品評価技術基盤機構（NITE）に特許微生物として登録した。

　また、私の研究グループは、同じ食物素材からは同じ乳酸菌種が分離できるか否かに興味を持ち、2009 年、全国 25 の都道府県から 47 の米サンプル（籾殻および玄米）を集め、合計 47 株の乳酸菌を分離した。その際、籾殻と玄米の両方から乳酸菌が分離された。玄米の糠層は発芽に必要なビタミン類や

脂肪分などが含まれているために栄養価が高く、乳酸菌にとっては好適な生育環境であるといえる。興味深いことに、米から分離された乳酸菌はエンテロコッカス（*Enterococcus*）属が多く、全体の 55% であった。また、地域的にみると、東日本ではペディオコッカス（*Pediococcus*）属の割合が多く、西日本ではエンテロコッカスが多かった。米の産地により温度や気候が異なるため、分離される乳酸菌の種類も地域差があるのかもしれない。

　科学技術の進歩により、細菌を分類するために遺伝子の塩基配列で比較する方法が採用され、しかも、その塩基配列は容易に解析できるようになり、今や塩基配列情報に基づいた細菌の系統分類が論じられるようになっている。

　その生物に特有なすべての遺伝情報はその生物のゲノム DNA 上に書かれている。DNA は、グアニン（G）、シトシン（C）、アデニン（A）、チミン（T）といった 4 種類の塩基の配列で規定される。抗生物質をつくることで有名な「放線菌」のゲノム DNA の G ＋ C 含量（GC: グアニンとシトシンの含量）は 70% を超えるが、乳酸菌のゲノム DNA の GC 含量は 28 〜 53% の範囲に収まり、特に、乳酸球菌の G ＋ C 含量は 35 〜 45% の範囲に集中している。

　ゲノム科学の進展とともに乳酸菌の分類体系も変化していった。バージェイズ マニュアル（Bergy's manual）改訂版では、乳酸菌の属数がそれまでの 4 属から 12 属へと増加し、2002 年には 20 属となった。具体的には、ラクトバチルス、ロイコノストック、ペディオコッカスのほか、新たに、バゴコッカス属とバイセラ属が加わり、これまでストレプトコッカスに属していた乳酸菌は、エンテロコッカス属とラクトコッカス属の 2 属に分かれた。また、ペディオコッカス属に所属していた乳酸菌のなかに、テトラジェノコッカス属に移動させられたものもいる。たとえば、高塩濃度でも生育できるペディオコッカス・ハロフィルスは、テトラジェノコッカス・ハロフィルスに改名された。その後も属数は増え続け、2010 年の時点で 30 属を超えた。

　分類基準は研究者によっては主張が異なることがあり、いったん学会などで承認しても学名が変わることはよくあることだ。

　ちなみに、細菌の分類学辞典である「バージェイズ マニュアル」では、ストレプトコッカス属を、発熱・溶血性、口腔（oral）、腸管、乳性、嫌気性、その他、という 6 群に分けている。その際、腸管由来と乳由来の乳酸菌がそれぞれエンテロコッカス属とラクトコッカス属として独立し、残ったもの

をストレプトコッカス属とした。エンテロは「腸内の」という意味であり、coccus がその Entero の語尾に付加されると、腸内乳酸球菌という意味となる。先述したように、私の研究グループでは、果物、野菜、穀類といった植物源から、エンテロコッカス属の乳酸菌を多数分離していることは、腸内細菌としての乳酸菌が、もともとは植物が起源であると推測される点でとても興味深い。

Tea time　ヨーグルトと呼ばれるための条件

　ブルガリア菌、サーモフィルス菌、ラクティス菌の３種類は、世界に知られたヨーグルト製造用の乳酸菌である。国際食品規格では、ブルガリア菌とサーモフィラス菌の両乳酸菌を用いて乳を発酵させたものだけを「ヨーグルト」と名乗ることを許されている。ブルガリア菌は、その名の示すとおり、もともとブルガリア地方に生息し、他の地域にはほとんど存在しない特殊な乳酸菌である。すなわち、ブルガリア地方で伝統的に受け継がれてきた酸乳のみがヨーグルトと呼ぶことが許されている。スーパーマーケットやデパートの地下食品売り場で乳製品を手にとって、その容器に記載されている表示を眺めてみよう。ヨーグルトという記載は見あたらず、その代わり、「はっ酵乳」という表示を目にするであろう。「はっ酵乳」とは、文字のとおり、乳を乳酸菌で発酵させたものであり、実は、わが国では、「はっ酵乳」としか表示できないのだ。

Tea time　乳酸発酵様式は３つのタイプ

　乳酸菌が乳酸をつくる様式には「ホモ型」と「ヘテロ型」の２種類の計３タイプがある。「ホモ型」では、１分子のブドウ糖（グルコース）から乳酸だけができる。

$$C_6H_{12}O_6 \quad \rightarrow \quad 2CH_3CHOHCOOH$$

グルコース　　　　　乳酸

「ヘテロ型」は以下の２タイプがある。

　タイプ１では、１分子のグルコースから、乳酸、エタノールおよび二酸化炭素が１分子ずつできる。

$$C_6H_{12}O_6 \quad \rightarrow \quad CH_3CHOHCOOH \quad + \quad C_2H_5OH \quad + \quad CO_2$$
ブドウ糖　　　　　　乳酸　　　　　　エタノール　二酸化炭素

　タイプ2では、2分子のグルコースから2分子の乳酸と3分子の酢酸ができる。
$$2C_6H_{12}O_6 \quad \rightarrow \quad 2CH_3CHOHCOOH \quad + \quad 3CH_3COOH$$
　　　　　　　　　　　　乳酸　　　　　　　　　酢酸

　ビフィズス菌も乳酸をつくるが、乳酸菌とは異なり、2分子のグルコースから2分子の乳酸と3分子の酢酸を生成する。

　ラクトバチルスに属するカゼイ、プランタルム、アシドフィルス、サリバリウス、ブルガリクスなどはホモ型乳酸菌であるが、同じラクトバチルス属の仲間でも、ファーメンタム、ブレビス、ブッシュネリ、セロビオサスはヘテロ型乳酸菌である。

　ラクトコッカス・ラクティス（*Lactococcus lactis*）は、直径0.5-1.0μmの連鎖状球菌で、乳のなかで活発に生育し、乳に含まれる乳糖から乳酸をつくり、その酸で乳に含まれるタンパク質である「カゼイン」が凝固する。この乳酸菌の生育の適温は30℃で、ホモ型乳酸発酵様式をとり、チーズやヨーグルト製造の種菌として使用されている。ラクティス菌のなかには、ナイシンA（Nisin A）というポリペプチド構造をもつ抗菌物質をつくるものがいる。このような抗菌性ポリペプチドは「バクテリオシン（bacteriocin）」と総称され、おもにグラム陽性細菌の増殖を阻害する。

　大手乳業企業がヨーグルト製造のために使用しているブルガリア菌は、2014年までラクトコッカス・ブルガリクスであったが、その後、ラクトバチルス・デルブルッキ亜種ブルガリクスに改名された。もともとブルガリア地方の原生植物を利用して製造するヨーグルトから分離された乳酸桿菌で、生育の適温は45-50℃、乳酸発酵様式はホモ型である。

　1900年、オーストリア・グラーツ大学の小児科医だったモロー（Ernst Moro）は、人工乳で育てられた小児の糞便から乳酸菌を分離し、酸（acid）を好む（philus）いう意味でラクトバチルス・アシドフィルス（*Lactobacillus acidophilus*）と命名した。

　発酵形式はホモ型、生育の適温は37℃であり、15℃以下では生育でき

ない。細胞サイズは幅 0.6-0.9 μm、長さ 1.5-6.0 μm の乳酸桿菌である。腸管内での増殖は良好で、有害菌の生育を抑えることができるので、整腸剤としての活用もあり得る。

　国内乳業企業が見いだしたラクトバチルス・アシドフィルス (*Lactobacillus acidophilus*) L-55 は胃液と胆汁酸に対して耐性で、抗アレルギー効果も示すと公表している。別の国内大手乳業会社は、1950 年代後半からアシドフィルス菌を用いてヨーグルトを製造していた。その後、そのヨーグルトから分離された乳酸菌は、ラクトバチルス・カゼイ (*Lactobacillus casei*) であることが明らかとなった。以後、カゼイ菌シロタ株による乳酸飲料の製造に利用されている。ちなみに、アシドフィルス菌とカゼイ菌では、糖分解性や最適発育温度が違っている。

　上記の乳酸菌はいずれも動物由来乳酸菌であるが、ラクトバチルス・デルブュッキィ (*Lactobacillus delbrueckii*) は、穀物を住処とする好熱性の乳酸桿菌である。細胞のサイズは幅 0.5-0.8 μm、長さ 2-9 μm、生育の適温は 45℃〜 50℃である。乳糖は利用できないが、グルコース、マルトース、ショ糖を利用して、ホモ型乳酸発酵様式で多量の乳酸をつくることから、乳酸の工業生産菌として用いられている。

　代表的な植物由来乳酸菌、ラクトバチルス・プランタルム (*Lactobacillus plantarum*) であろう。とくに、キムチの主な乳酸菌がプランタルム菌である。ラブレ菌として有名になったラクトバチルス・ブレビス (*Lactobacillus brevis*) は、京都の漬物「すぐき」から分離された乳酸菌である。ちなみに、「ラクトバチルス」属乳酸菌の細胞はすべて桿状である。プランタルム菌の至適生育温度は 30℃であるが、10℃でも生育する。ホモ乳酸醗酵を行い、グルコース、マルトース、乳糖、ショ糖を資化する。一方、ラブレ菌はヘテロ乳酸醗酵を行うので、乳酸と炭酸ガスが生ずる。

　ペディオコッカス・ペントサセウス (*Pediococcus pentosaceus*) は四連球菌でホモ乳酸発酵を行う。著者の研究グループでは、生薬としても用いられる「龍眼」という果物から分離したペディオコッカス・ペントサセウス LP28 が、脂肪肝の改善と体内脂肪の蓄積を抑制することを発見し、2012 年、国際的に評価の高い米国の科学雑誌 PLoS ONE に発表した。詳しいことは第 9 章で述べる。

　テトラジェノコッカス・ハロフィルス (*Tetragenococcus halophilus*) は、以前、ペディオコッカス属に分類されていた時期もある。食塩の濃度が

10-15% でも生育する耐塩性の高い四連球菌で、ホモ乳酸発酵を行う。食塩濃度が 15% ほどの醤油の醪（もろみ）のなかで生育できる唯一の乳酸菌がこれであり、沢庵や塩辛の製造に利用されている。

　ロイコノストック属乳酸菌の代表は、ロイコノストック・メゼンテロイデス（*Leuconostoc mesenteroides*）である。本菌は球菌で、ショ糖溶液で培養すると菌体の周囲に粘質性の高い多糖類をつくることが特徴である。ヘテロ乳酸発酵を行い、代用血漿として用いられる「デキストラン」を工業生産するのに用いられる。本菌における糖からの乳酸生成量は 50% に達するが、耐塩性や耐酸性は低く、発酵食品製造の初期に生育する乳酸菌で、低温でも元気に発育する。

　ストレプトコッカス・サーモフィルスは、ブルガリア菌とともにヨーグルト製造に使われる乳酸菌である。乳中でサーモフィルス菌が増殖する際に生成する蟻酸はブルガリア菌の増殖を促進させることから、発酵乳のなかでは共生関係にある。

プロバイオティクスとは

　21 世紀の医療は「プロバイオティクス（probiotics）」が活躍する時代と予想される。プロバイオティクスとは、「腸内細菌叢のバランスを改善して、健康維持に有益な働きをする、安全性が確認された、生きた微生物」のことを言う。事実、ある乳酸菌株を摂取すると、ビフィズス菌の増殖が促進されるとともに、病原性大腸菌の増殖を抑えることができるとの報告がある。このように、乳酸菌は腸管内の有益菌を増やすのに役立つことから、プロバイオティクスと言ってよい。ただし、プロバイオティクスによる効果は、"効き過ぎない"ことが前提で、"効果はあっても強過ぎない"ことに意味がある。乳酸菌の保健機能性はまさにそこにあり、徐々に効いて未病の改善や予防医学に役立つものと期待されている。プロバイオティクスを利用した発酵食品の代表は「ヨーグルト」であろう。

発酵乳の文化史

　ヨーグルトの起源は、紀元前 3,000 年代にメソポタミア文明の発祥地である西アジアのチグリス・ユーフラテス川を中心とした地域にあるとされている。当時、この地域に住んでいたシュメール（Sumer）人はウシやヒツジを放牧し家畜の乳を飲んでおり、彼らが乳の長期保存のために見出した「酸

乳」の製造技術が欧州に広まった。ちなみに、シュメール人は世界最古の古代文明を築いた民族である。

　1958年12月に刊行された、「フランシスコ会訳の聖書」によると、旧約聖書の創世記18章8節に「アブラハムは、酸乳と牛乳と子牛を調理したものを取って、彼らの前に供え、木の下で彼らのかたわらに立って給仕し、彼らは食事した」との記述がある。ここで言う「酸乳」とは凝固した牛乳を指し、喉の渇きを癒す時に、酸乳を飲んでいたと記されている。ちなみに、フランシスコ会訳聖書はフランシスコ会聖書研究所による日本語訳聖書であり、おもにカトリック教会で用いられているようだ。

　一方、西暦600年代の日本では、牛乳を保存するために、「酪（らく）」、「酥（そ）」、「醍醐（だいご）」と呼ばれる発酵食品がつくられていた。「酪」はコンデンスミルクの類似品、「酥」はバターとチーズとの中間製品、「醍醐」は、ヨーグルトもしくはチーズに似ていた。当時の貴族はこれら加工乳を珍重した。「酪」、「酥」、「醍醐」の記載は、平安時代に書かれた日本最古の医学書である「医心方」にあり、明治時代（1868-1912年）になると、醗酵乳は日本に再び登場した。

　1908年、カルピス株式会社を創業した三島海雲氏は、かつて、日本の軍部から軍馬調達の指令を受け、今でいう内モンゴル自治区を訪れていたのが縁で、ケシクテン（克什克騰）で、ジンギスカンの末裔である鮑（ホウ）一族に出会い、「酸乳」の存在を知ったのだった。三島氏は現地で体調を崩したが、酸乳を飲んで体調が回復したことを体感し、それが乳酸飲料（カルピス）を開発するきっかけとなったという。日本食糧新聞によると、2020年度のヨーグルトを含む乳酸菌飲料市場はコロナ禍で免疫に対するニーズが高まっていることから、免疫力向上効果を訴求したヨーグルトが出回っている。

　ヨーグルトに代表される酸乳中では、酸に弱い腐敗菌の生育が抑えられるので、保存性が増すとともに、乳酸菌がつくる香りと風味が加わった爽やかな発酵乳が完成したのだった。古代トルコの遊牧民の間でユーグルト（Jugurt）という言葉が使われていた。それが現在のyoghurtの語源になったとの説がある。ヨーグルトの製造に使われる乳酸菌の種類に関して、欧米ではサーモフィルス菌とブルガリア菌が主流であるが、日本ではラクティス菌（*lactococcus lactis*）とブルガリア菌の共培養でヨーグルトをつくる企業も多い。

　さて、2012年の日本乳酸菌学会誌に掲載された、「ヨーグルトの温故知新」

と題した総説を参考に、ブルガリアヨーグルトを紹介する。それによると、ブルガリア地方には、Cornus mas（和名はセイヨウサンシュユ：ミズキ目ミズキ科の落葉小高木）という原生植物の枝葉を乳に加えてヨーグルトをつくるという伝統的な製法がある。ブルガリア国内の原生植物から実際に分離した乳酸菌株を同定し、大手乳業会社により製造されるヨーグルトの生産株のブルガリア菌 2083 株とサーモフィラス菌 1131 株とをそれぞれ比較した。そのなかで、上記植物から分離し、Lb12 株と命名された菌株は 2083 株と同じ菌種であったが、1131 株に相当する乳酸菌は、原生植物由来乳酸菌の保存菌株中にはなかった。すなわち、ラクトバチルス・ブルガリクスについては、ブルガリア地域の原生植物を起源とする可能性はある（堀内、日本乳酸菌学会誌 23、143-150、2012）。言ってみれば、LB12 株は植物由来乳酸菌である。

　他方、腸管内で生育・増殖することが期待される乳酸菌で、もともとヒトの腸管内にいたものをヨーグルトの製造に利用する場合がある。その代表として、エンテロコッカス・フェカリス（*Enterococcus fecalis*）やエンテロコッカス・フェシウム（*Enteroococcus fecium*）のほか、ビフィズス菌のビフィドバクテリウム・ロンガム（*Bifidobacterium longum*）が知られている。しかしながら、乳酸菌を口腔から摂取すると、胃酸や胆汁酸にやられてしまうので、生きて腸まで届くのが困難である。ただし、動物由来のラクトバチルス・カゼイのうち、胃酸に対して高耐性を示す菌株を探して、ヨーグルト製造用の菌株としている企業もある。

　わが国では、ヨーグルトのほかに「乳酸菌飲料」が販売されている。両者は栄養成分と含有乳酸菌数が異なっている。厚生労働省の「乳省令」によって、それぞれの製品の基準が定められており、ヨーグルトは「はっ酵乳」に分類され、牛、山羊、羊、馬などの乳を乳酸菌または酵母で発酵させて製造したもので、糊状または液状にしたもの、または、これらを凍結したものをいう。さらに、「はっ酵乳」と謳うためには、無脂乳固形分（脂肪を除いた固形分のこと）は 8.0% 以上で、かつ、乳酸菌又は酵母の菌数は 1,000 万個/mL を超えなければなければならない。この「はっ酵乳」に糖分と香料を添加したものが「乳酸菌飲料」である。無脂乳固形分は 3.0% 以上、菌数が 1,000 万個/mL のものを「乳製品乳酸菌飲料」と呼び、生菌のものと殺菌したものがある。また、無脂乳固形分は 3.0% 未満で、乳酸菌又は酵母の菌数が 100 万個/mL 以上のものを単に「乳酸菌飲料」と称している。

　さて、人類が家畜を飼い始めたのは今から1万年前、古代エジプト時代には、バターの製造法が壁画に描かれているので、乳の利用は紀元前4,000年ごろには行われていたことになる。古代ギリシャや古代ローマ時代になると、旧約聖書にチーズの記載がある。その後、農民や修道士によりさまざまなチーズが開発され、19世紀半ばには、今日でも有名なチーズのほとんどがつくられていた。20世紀の始めに「プロセスチーズ」が開発され、それまでチーズと呼ばれていたものを「ナチュラルチーズ」と呼んだ。現在のチーズはこの2つのタイプのいずれかである。ナチュラルチーズは、乳、バターミルクもしくはクリームを乳酸菌で発酵させたもの、または、乳、バターミルクもしくはクリームに酵素を加えてできた凝乳から乳清を除去し、固形状にしたもの、もしくは熟成させたものである。プロセスチーズは、ナチュラルチーズを粉砕して過熱融解してから、乳化したものである。簡単に言えば、チーズは「乳を凝固させ、離液してくる乳清を除去し熟成させたもの」といえる。

　チーズ製造用の乳酸菌種は、ラクティス菌、クレモリス菌、サーモフィルス菌、ヘルベティカス菌といった乳酸菌のほか、プロピオン酸も用いられている。レンネット、スターター乳酸菌の産生するプロテアーゼ、プラスミンと呼ばれる乳由来のプロテアーゼなどにより分解を受けると、乳に含まれる「カゼイン」タンパク質が先ず高分子量のペプチドに変わる。さらに、乳酸菌の保有するエンドペプチダーゼとエキソペプチダーゼが働くことで、低分子ペプチドが生成され、最終的にはアミノ酸にまで分解される。このアミノ酸はそれ自体チーズの重要な風味成分となるが、そのアミノ酸を乳酸菌が代謝して、生じたジアセチル、アセトアルデヒド、アセトインなどがチーズの芳香成分として機能する。

　京都大学の家森幸男教授が、1986年、疫学研究の際に「カスピ海」と「黒海」に挟まれた長寿地域として知られている「コーカサス地方」から持ち帰った種を使って作ったヨーグルトは「カスピ海ヨーグルト」と呼ばれている。通常の乳酸菌とは異なって20℃から30℃という低い温度で増え、一般的なヨーグルトに比べ、酸味がおだやかなことを特徴としている。このヨーグルトの製造には乳酸菌ラクトコッカス・ラクティス亜種クレモリスＦＣと酢酸菌アセトバクターの2種類がおもにかかわっており、クレモリス菌が多糖を産生し、このヨーグルトの食感に良い影響を与えている。

Tea time　想像できない環境で生きる微生物

　植物は無機物から栄養を、動物は有機物から栄養を得るが、微生物の中には
このどちらからも栄養を得ることができるものがいる。石油を資化する微生物
がいるので、現時点では、微生物の栄養源になり得ない有機物はプラスチック
のみであると考えられている。プラスチックは軽くて加工しやすく、そして安
価であることから、プラスチックごみが大量に発生している。日本ではプラス
チックごみの多くは焼却され、一部は熱エネルギーとして再利用されているも
のの、化石燃料でつくられた素材は大気中の二酸化炭素濃度を増加させる。そ
こで、鹿児島大学の研究グループがプラスチックを分解する微生物を探索した
結果、最近、ナイロン製造工程で生ずる素材 (6-アミノカプロン酸オリゴマー)
を分解する *Arthrobacter ureafaciens* K172 という細菌を見出した。

　他方、微生物が生存できる極限の条件を調べてみると、-5℃でも生育できる
微生物が見つかっているし、80℃でも生育する菌もいる。細菌の芽胞 (胞子) は、
100℃で1時間加熱しても発芽能力を失わない。また、普通の菌でも、低温条
件や乾燥には非常に抵抗性がある。菌体の水分を凍らせた後に蒸発させ、乾燥
状態においても、空気との接触を遮断して保存すれば、長い年月にわたって、
発育力を失わない。動植物は酸素がないと生存できないが、微生物の中には酸
素無しで生育し、かえって酸素があると生育できない菌は多い。酸素がなけれ
ば生えない菌を好気性菌といい、あっては困る菌を嫌気性菌という。そのうち、
酸素があると増殖できない菌を偏性嫌気性菌、酸素が少しくらいあっても増殖
に差支えない菌を通性嫌気性菌と呼んでいる。

　カビは好気性だが、乳酸菌は通性嫌気性菌である。酵母は空気がある無しで、
違った行動をとる。酸素があれば菌体の増殖を行ない、酸素の無い条件下では
アルコールをつくるのだ。

　秋は紅葉が美しい季節だ。野山の樹木の落ち葉で埋め尽くされた姿は素晴ら
しい絵画だが、毎年の枯葉で埋めつくされてしまいかねない。だが、現実には
決してそうはならない。細菌が落ち葉を分解して、水と炭酸ガスに変えてしま
うからである。落葉以外にも、動物の死骸、木々の断片など、あらゆる有機物
は同じ運命に陥る。単に掃除するだけではなく、生成した炭酸ガスは植物がデ
ンプンやセルローズにつくり変えて、人間をはじめとする動物が再利用する。
炭素以外にも、窒素や硫黄は自然界を循環するが、微生物は物質の自然循環に
不可欠な役割を持っている。芽胞をつくる酪酸菌 (クロストリジウム・ブチリ

カム）も大腸に棲息している。一方で、乳酸菌は嫌気性細菌ではないので、大腸ではなく小腸下部に生育しており、その数も 10^7-10^8/g 程度と、細菌叢全体の総数の 1/1000 以下の菌数である。

第9章　菌類の生物学

　微生物は真核微生物と原核微生物とに大別され、前者を高等微生物、後者を下等微生物とも呼んでいる。糸状菌、酵母、原生動物および藻類は高等微生物であり、細菌、放線菌および藍藻は下等微生物に属する。一方、細胞の形から、菌糸状に増殖する微生物を糸状菌と呼び、単細胞で増える酵母とは区別している。ただし、「糸状菌」は分類学上の正式用語ではなく、おもにカビのことを指すが、「カビ」もまた分類学用語ではない。カビという呼び方は良い印象を持たれないが、空気中、土壌中、水中などさまざまな自然環境にいて、私たちにとって身近な微生物である。

　カビ、すなわち、糸状菌は、細菌の芽胞（胞子）に相当する「分生子」を形成する。分生子が発芽すると、その先端から菌糸を形成する。糸状菌が生産する酵素のなかで、セルラーゼ、アミラーゼ、プロテアーゼなどは食品加工によく利用されている。また、「麹菌」、特にアスペルギルス・オリゼー（*Aspergillus orizae*）は、わが国では「国菌」に指定され、日本の食文化には欠かせない糸状菌である。他方、欧州の食文化においても、糸状菌はブルーチーズがもつ独特の風味を出すために欠かせない微生物だ。例えば、カマンベールは白色のカビ（ペニシリウム・カマンベルティ：*Penicillium camemberti*）で覆われたチーズである。フランスのロックフォール、イタリアのゴルゴンゾーラ、イングランドのスティルトンといえば、「世界三大ブルーチーズ」としてノミネートされている。このうち、ロックフォールは羊乳、ゴルゴンゾーラとスティルトンは牛乳が、それぞれチーズの素材として用いられる。ブルーチーズの種類によって、用いられる青カビの種類も異なり、ロックフォールとスティルトンにはペニシリウム・ロックフォルティ（*Penicillium roqueforti*）が使われている。

　微生物学では「菌類」という呼び方がある。これは菌界（fungi）に属する生物の総称で、ツボカビ類（壺状菌とも呼ぶ）、接合菌類、子嚢菌類、担子菌類、不完全菌類がその仲間であり、子嚢菌類は子嚢の中に胞子をつくるグループである。酵母のサッカロマイセス・セレビシエ（*Saccharomyces cerevisiae*）は子嚢菌の仲間である。また、担子菌類はキノコを含むグループ

である。詳しくいえば、子嚢菌（しのうきん）は有性生殖の結果生じた子嚢内に子嚢胞子を内生する。子嚢菌に運動胞子を形成するものはなく、代わりに多数の分生子を形成する。分生子は発芽して再び菌糸を形成し、無性生殖を繰り返す。菌糸は有性生殖器官である造嚢器と造精器を形成して有性生殖を行う。有性生殖の結果、子嚢（袋状の器官）を形成し、その中に子嚢胞子を 1-8 個つくる。

　応用微生物工業において重要なアスペルギルス属とペニシリウム属のカビは子嚢菌の仲間で、両属はともに無性世代に与えられた名称で、有性世代が見つかったときには新しい属名が付与される。

　発酵食品や抗生物質をつくるカビとして馴染みの深い「アスペルギルス属」と「ペニシリウム属」の概略を以下に解説する。

アスペルギルス属（麹カビ）

　アスペルギルス属の菌糸は無色で隔壁があり、よく伸び、かつ、分枝する。無性生殖では、菌糸が発達してできた分生子柄の端が球根のようにくびれた形の「頂嚢」となる。やがて頂嚢の表面にはトックリ状のフィアライド（phialide）が放射状に並び、その先端に分生子が連鎖状に形成される（図22）。

　分生子の色には、白、黄、黄緑、青緑、褐色、黒色などがあり、黒麹菌や黄麹菌などの呼び方は分生子の色に由来する。アスペルギルス属では、アスペルギルス・オリゼーが代表格である。清酒や味噌に使用される麹菌はすべてこのアスペルギルス・オリゼーである。醤油の製造に使用される麹菌の９割以上がアスペルギルス・オリゼーで、残りの１割がアスペルギルス・ソーエである。九州産の焼酎にはアスペルギルス・カワチが、沖縄の焼酎「泡盛」にはアスペルギルス・アワモリとアスペルギルス・サイトイが使用されている。かつお節の製造に麹菌が使われることを知っている読者はおられるだろうか。それはアスペルギルス・グラウサスという名の麹菌であ

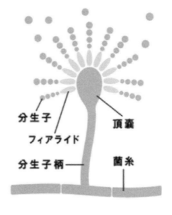

図22 アスペルギルス属

る。他方、諸外国でも昔から麹菌を使う国があるが、アジアに限られている。その中でも有名な発酵製品が中国の紅麹やインドネシアのテンペである。テンペは大豆をクモノスカビ（*Rhizopus oligosporus*）で発酵させた食品である。蒸した米に紅麹菌（*Monascus* 属カビ）を混ぜて発酵させた米麹である「紅麹（べにこうじ）」から分離されるカビは紅麹菌と総称され、モナスカス・アンカ（*Monascus anka*）もしくはモナスカス・パープレア（*M. purpureu*）である。醸造に使われる麹菌の性質について、もう少し説明する。

1) *A. oryzae*：黄麹菌と呼ばれ、麹菌の代表格である。清酒、味噌、醤油などの醸造に古くから用いられ、最も有用な麹菌のひとつといえる。2005年に、このゲノム DNA 解読が「ネイチャー」誌に掲載された。麹菌がどこから来たのかがわかったのだ。その祖先はカビ毒アフラトキシンをつくるアスペルギルス・フラバスである。アスペルギルス・オリゼーはアフラトキシンを生産せず、α アミラーゼ遺伝子を 2-3 コピー保有し、このアミラーゼ生産能の高い株が選別されていき、現在使われている醸造用麹菌となった。

2) *A. soje*：脱脂大豆と小麦の混合物に接種して培養すると、醤油麹ができるので、A. ソーエは醤油麹菌と呼ばれ、糖化力とタンパク分解酵素力の両方に優れている。

3) *A. niger*：分生子の色が黒色であることから、黒麹菌と呼ばれる。グルコースからクエン酸を多量につくることで重要な麹菌であり、ミカンでの増殖性が高く、ペクチン分解能力も強い。近年、学名が *A. luchuensis* になった。

4) *A. awamori*：A. ニガーと同じ黒麹菌に属し、澱粉に対する糖化力が強い。蒸米もしくはサツマイモと A. アワモリでつくった麹で「泡盛」や焼酎を製造する。

5) *A. kawachi*：1910 年、河内源一郎は泡盛の製造に使われる黒麹菌の変異株として白麹菌を育種した。官僚の彼は、科学者であり、実業家でもあった。「河内菌」の発見により焼酎の品質を飛躍的に向上させたことから、「近代焼酎の父」とも称されている。彼が育種した株は *A. kawachi* と命名され、鹿児島の焼酎企業へ技術移転された。当時、黒麹菌による醸造が既に定着していたので、白麹菌による置き換わりはあまりなかったが、1970-1980 年頃になると、多くの焼酎製造現場で白麹菌が積極的に用いられるようになっていった。

　このように、麹菌は醸造や発酵食品の製造に役に立つ微生物であるが、穀類やピーナッツにも生え、家畜や人体に有害なアフラトキシン（aflatoxin）

という発がん性物質をつくる菌もいる。アスペルギルス・フラバスがその代表である。蒸した米で培養すると、A. フラバスはメラニン色素生成を阻害するコウジ酸（koji acid）もつくる。

ペニシリウム属（青カビ）

カビは、有性生殖を行うときの世代（この世代を完全世代と呼ぶ）に基づいて分類されるが、完全世代が見つかっていないカビもある。その場合には不完全菌として、その無性生殖世代（不完全世代）の形態的特徴から分類される。不完全菌のうち、筆状の形態をとるものがペニシリウム属で、俗に青カビと呼ばれる。

完全世代が確認されたペニシリウム属のほとんどは、「閉子嚢殻」と呼ぶ球形の子実体を形成するが、なかにはキノコとして扱われるような、大型子実体を形成するカビもある。ペニシリウム属の胞子は「分生子」と呼ばれる。その分生子柄は、基質、例えば、寒天培地表面から立ち上がり、先端で短い枝に分かれていく。それぞれの枝先にはフィアライド（phialide）と呼ばれる分生子形成細胞が数個並ぶ。フィアライドは紡錘形で、その先端から分生子が形成される。分生子ができると、分生子とフィアライドの間は切り離され、前の分生子を押し出すように新しい分生子が出芽し、次第に分生子の数珠がつくられていく。分生子柄の枝は、互いに小さな角度をつくり、寄り添うように伸長し、それぞれの先端のフィアライドも枝の先端方向を向くので、各フィアライドの先端の分生子の数珠も同じ方向へ伸びる。その結果、全体的には筆の先やホウキ（掃除用具）のような形状になる（図23）。

フィアライドから分生子の数珠をつくる点では、ペニシリウム属とアスペルギルス属とはよく似ていて、完全世代でも類縁関係にあることが認められている。*Penicillium* 属の分生子は青色または青緑色なので、コロニーの色は当然ながら青色となる。ちなみに、アスペルギルス属や他の不完全菌にも青っぽい胞子をつくるものがあり、色だけでペニシリウム属と

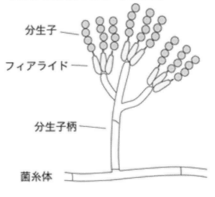

分生子

フィアライド

分生子柄

菌糸体

図23　ペニシリウム属

判断するのは間違いである。以下、おもなペニシリウム（*Penicillium* 属：P）のいくつかの菌種の性質を挙げる。

1)　*P. chrysogenum*：　*P. notatum* とともに、ペニシリン生産菌として知られている。P. クリゾゲナムは黄色の色素を産生する。実際的には、ペニシリン製造用には黄色素をつくらない変異株が使われている。

2)　*P. islandicum*：　黄変米から分離された青カビで、分生子は楕円形である。本菌がつくる毒素は肝臓に有害で、ときに全身麻痺で死に至ることがある。コロニーの色は、菌糸の橙赤色と分生子の暗緑色が混じった色である。

3)　*P. citrinum*：　タイ産の黄変米から分離された青カビで、分生子は球形もしくは亜球形である。本菌の産生する毒素シトリニン（citrinin）は、特に腎臓障害を引き起こす。

　青カビ（*Penicillium* 属：P.）は、一般的には、健康なヒトには感染しないし、マイコトキシン（毒素）もつくらないので、重篤な食中毒を引き起こすことはほとんどない。しかしながら、青カビが生えた食品には別の有害カビがいるかもしれないと慎重に考えて食べないようにすべきだ。ちなみに、菌糸型と酵母型の両方の形態をとるペニシリウム・マルネッフェイ（*P. marneffei*）は比較的毒性が強く、エイズ患者に日和見感染を起こすことが知られている。マルネッフェイ型ペニシリウム症の主症状は、発熱、貧血、体重減少、皮疹、リンパ節腫大、肝脾腫などある。また、ペニシリウム属カビの感染が原因で、爪、耳、肺、尿路などでペニシリウム症を引き起こす例が知られている。農業分野において、青カビによる植物の病気「青かび病」がある。例えば、農家では、ミカン青かび病、リンゴ青かび病、サツマイモ青かび病などが知られているし、イネの病変米も青カビによるものである。

担子菌

　有性生殖を経て担子器（basidium）を形成し、それから出る小柄（しょうへい：sterigma）の先に「担子胞子」を着生する菌類を「担子菌」と呼んでいる。担子菌から生じた二次菌糸から形成された子実体が「キノコ」である。キノコは人々の食事を楽しませてくれるほか、落葉や樹木を分解して無機物へと還元する役目を担っている。森や林で生きるキノコは、樹木や落ち葉を腐らせる性質のある「腐生性のキノコ」と、樹木の根に付着し菌根（シ

ロとも呼ぶ）を形成して共生生活している「菌根性のキノコ」に大別される。
例えば、マツタケのシロはマツタケの菌糸とアカマツの根が一緒になった塊
のことを指す。担子菌類はカビの中で最も進化した部類に属する。

　キノコの形状としては、シイタケやマツタケのような傘と茎からなるもの
（写真18・19・22）や、木に腐生するサルノコシカケ（写真20）のような
厚い円盤状のもの、ホウキタケ（写真21）のように棒状もしくは樹枝状の
ものなど、さまざまな形をしている。

写真18 マツタケ

写真19 シイタケ

写真20 サルノコシカケ

写真21 ホウキタケ

写真22　ホンシメジ

写真 23 エノキタケ　　　写真 24 マッシュルーム

ホンシメジはマツタケと同様に菌根性のキノコで、コナラなどの樹木の根に菌根を形成し樹木と共生して生活している。ホンシメジの学名は *Lyophyllum shimeji*、エノキタケ（写真23）のそれは *Flammulina velutipes*、マッシュルーム（写真24）の学名は *Agaricus bisporus* である。ちなみに、英語で食用キノコ全般を mushuroom、フランス語ではシャンピニオン（champignon）と呼んでいる。

酵母

　酵母（Yeast）は、果汁や樹液のほか、淡水や海水などからも分離される。パストゥールはワイン発酵に酵母が関与することを実証し、酵母の純粋培養法を確立した。酵母の代表はサッカロマイセス・セレビシエ（*Saccharomyces cerevisiae*）で、ビール、ワイン、パンの製造に不可欠な微生物である。

　酵母という呼び方は分類学の正式な用語ではなく、菌のライフサイクル（生活史）の一定期間に限った細胞形態を示す用語である。わかりやすく言えば、菌が生育する一定期間だけ、酵母の形状（写真25）をしているのである。細胞の形をじっくり観察すると、球状、卵型、楕円形、長楕円型あるいはレモン型をしている。酵母には運動性はなく、光合成能力もない。細胞は

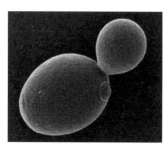

写真 25 サッカロマイシス・
セレビシエ

1 個ずつ離れて存在するが、ときには細胞が凝集することもある。出芽（budding）もしくは分裂（fission）方式で増殖する。多くの酵母は細胞同士が融合する形で接合する。融合した細胞は減数分裂によって細胞内に胞子を形成する。すなわち、減数分裂によって「内生胞子」を生ずるので、細胞そのものを「子嚢」と見なしている。

　実は同じ菌であっても、ライフサイクルのなかで酵母型と菌糸体型の両方の形態をと

ることもある。例えば、シロキクラゲは担子胞子から発芽すると酵母状に増殖し、性の異なる相手と接合すると菌糸体の状態で増殖する「二核菌糸」になる。酵母は単細胞であるとの理由から、菌類の中で原始的な微生物と認識していた時期もあったが、子嚢菌類や担子菌類の祖先が「酵母」であるとの見方もある。したがって、酵母は、担子菌類、子嚢菌類、不完全菌類のいずれにも属すると言える。細胞サイズは2-20μm（多くは3-5μm）で、細菌より大きい。酸素のない環境では発酵を行い、酸素を供給すると「好気呼吸」を行って生育する、いわゆる「通性嫌気性」である。

　細胞壁の外側に「莢膜」を有する酵母も存在し、増殖は細胞の一部が突きでる「出芽」様式で行われる。核は分裂すると、一方が娘細胞へ移行して親細胞から離れる。培養条件によっては、酵母は細胞が連結したまま長く伸びて、糸状菌に似た菌糸をつくることもある。これを「偽菌糸または仮性菌糸」と呼んでいる。すなわち、酵母は真菌であるが、単細胞世代のみを示し、糸状菌のような菌糸をつくらない微生物に与えられた便宜的な名称と言える。

　ビールやパンの製造に不可欠なサッカロマイシス・セレビシエは出芽により増殖する酵母である。*Saccharomyces cerevisiae* という学名はギリシャ語のσάκχαρον（sakcharon）起源のラテン語の糖 Saccharum とギリシャ語の菌μύκηs（myces）、ビール を意味する Cere-visia に由来する。出芽酵母は果物の表面や樹液などから分離できる。ワインや日本酒製造に用いられる酵母は風味や品質を大きく左右するが、醸造会社ごとに風味が異なるのは、その企業独自の酵母を使用しているからである。

　サッカロマイセス・セレビシエは、紀元前2,000年のメソポタミアで、パンづくりに用いられていた。ビール酵母も紀元前1,500年頃から使われていたという記録がある。日本では古くから清酒用の酵母が用いられている。したがって、パン酵母、清酒酵母、ビール酵母、ワイン酵母は、基本的にはサッカロマイセス・セレビシエの亜種であり、清酒酵母と実験室株とではゲノムに1%程度の差異がある。発酵食品やアルコール飲料の製造に使われる酵母は、各用途に応じて最適株が選ばれてきた結果である。サッカロマイセス・セレビシエは嫌気呼吸をして、乳酸発酵を行わずにアルコール発酵を行う。これは酵母がピルビン酸脱炭酸酵素をもっているためであり、ピルビン酸がアセトアルデヒドになり、それがアルコールデヒドロゲナーゼによりエチルアルコールに変換される。

　サッカロマイセス・セレビシエは、昔から真核細胞のモデル生物として利

用されてきた。この出芽酵母で明らかになった各種分子機構は、ほかの真核生物にもおおむね当てはまる。1996年、サッカロマイセス・セレビシエS288C株のゲノムの全塩基配列が解読された。その後、見直し作業が行われ、2003年7月、16本の染色体上に6569個のタンパク質をコードする遺伝子の存在することが明らかになった。そのゲノムサイズは12 Mbでヒトの250分の1であり、大腸菌の4倍であった。

キノコの創薬・医療への活用

　キノコは食物繊維、ビタミン、ミネラルなどの栄養素を多く含み、病気の予防や治療に効く薬となる成分を含んでいる。有名なキノコとしては、ブクリョウ、冬虫夏草、霊芝（マンネンタケ）やシロキクラゲなどが知られ、漢方薬として珍重されてきた。ちなみに、冬に昆虫の幼虫にキノコの菌糸が付着し、夏には昆虫の栄養分を利用して地上に出た子実体を「冬虫夏草」という。一般的には、セミから出てきた冬虫夏草や、カメムシ由来の冬虫夏草などさまざまな冬虫夏草が存在する。スタミナ不足や過労、喘息、精力減退、生活習慣病、運動能力低下などに効果があり、β-グルカンを多く含み、免疫を強化する働きもある。

　2,000年以上昔、秦の始皇帝が探し得た不老長寿の薬が「霊芝」だったと伝えられている。また、中国の古書には「シイタケは気を益し、飢えず、風邪を治し、血を破る」と、シイタケが身体の調子を整えることが記載されている。しかしながら、キノコは薬用植物とは異なり、ほとんど薬効成分が特定されていない。その背景にはこれまでの食品化学や医薬品開発の研究は、機能性成分を抽出してその本体の化学構造を決めた後、それを安価に合成するための開発研究が行われてきたからである。キノコの機能性成分は糖タンパク質や脂肪酸などが重合した天然物であるという認識しかなく、それほど開発研究に力を注いでこなかった。　ただし、食用キノコの機能性に関しては研究がなされている。最も身近な「シイタケ」にはレンチナンと呼ばれるβ-グルカンが含まれており、抗ガン作用を有することがわかってきた。また、エリタデニンには血液中のコレステロールの濃度を低下させる働きがある。さらに、シイタケの分生子に含まれる二本鎖リボ核酸（dRNA）は、インフルエンザウイルスに対抗する抗体を誘発するインターフェロンの誘導物質であることも解明されている。これらの機能性分子は、キノコ（子実体）の摂取または抽出成分を含んだドリンク剤として実用化されている。

　食用以外のキノコとしては、「カワラタケ」からのクレスチンや「スエヒ
ロタケ」のシゾフィランは製剤化され、抗ガン剤として市販されている。し
かし、同じキノコでも毒キノコの場合、毒成分の解明以外、あまり研究され
ていないのが現状だ。そもそもキノコが毒を持つ理由は未だ解明されていな
い。キノコに代表される天然物が食に適するか否かについては、人類の歴史
のなかで自らが試食することによって安全性を確認してきた。それゆえ、毒
は本来食物とは対立する概念であった。天然物は、あらゆるものが「毒」を
持っており、その用量の違いによって「毒」と「薬」とが区別されるという
考え方がある。人類は毒を忌避の対象と見なして毒から逃れ、あるいは毒を
除く努力を重ねてきた訳だが、毒の有用性にも着目し、その積極的な利用を
図ってきた。例えば、植物は動物から捕食されることによって受ける損傷を
免れるために植物毒を合成し、動物から捕食されないように自分を守ってい
ると考えられている。しかし、キノコ「毒」の場合、ゆっくりと効くことか
ら、すぐには毒と分からず、胃腸に対する毒で約1時間、致命的なもので6
時間近くを要する。このような悠長な反応ではとても自分の身を守ることな
どできない。それゆえ、キノコの「毒」の場合、キノコ本体を食べられない
ようにするための「護身」用の役割は持っておらず、逆に食べられることで、
摂食者を死に追いやり、地球上の物質循環に意図的に係っているのではない
かと考えられる。
　キノコは地球の物質循環に無くてはならない存在で、植物や動物の死骸を
分解して無機化し、土へ還す「分解者」としての役割を担っている。「分解者」
であることからすると、共生関係にある植物が動物の死骸などに含まれてい
る栄養を吸収しやすくするために、動物を死に至らしめることも考えられる。
また、キノコによっては魅了する色彩のものがいて、森の中ではよく目立つ。
胞子の飛散のためと、動物に食べられることを前提に地上や樹木に子実体を
形成しているのかもしれない。そんなキノコを食べた動物が死ねば、キノコ
の菌糸や細菌が死体を分解して栄養源として土壌に対し還元すると考えられ
る。
　「マイタケ」、「シイタケ」、「エノキタケ」、「ヒラタケ」などは、生で食べ
ると消化器系の中毒を起こす、これらキノコは、生食すれば「毒」を持つ食
品であるが、加熱処理を行えば、毒成分は分解されて優れた食品である。
　テングタケ属のキノコには、シロタマゴテングタケ、ドクツルタケ、タマ
ゴテンクタケなど猛毒のキノコが多く含まれ、毒成分としてはアマニチンや

131

ファロイジンなどのアマニタトキシン類であることがわかった。これらの毒成分は肝臓細胞を破壊してしまう。生体細胞を破壊する毒の化学構造と機能を解明することで、癌細胞を特異的に破壊するような新薬の開発ができるかもしれない。また、テングタケ属のキノコには旨味成分のイボテン酸が含まれており、新しい調味料の開発も期待できる。また、「イグチ」や「ホウキタケ」を食べると下痢を起こしやすいが、痛みを伴わない下痢であることから、便秘薬を開発できるかもしれない。キノコ毒の化学構造と作用機序を明らかにすることで、医薬品や殺虫剤の産業分野で期待される。とは言うものの、解決しなければならない重要課題がある。毒成分を特定するためには多く毒キノコを集める必要があるが、キノコは発生場所や時期が限られ、しかも採取可能な期間も短いため、目的の毒キノコを大量に集めることは難しい。

食用キノコとして栽培されている「木材腐朽菌」は菌糸の分離や栽培が容易だが、毒キノコのほとんどは「菌根菌」であることから、菌糸体の大量培養や人工栽培による子実体生産に関する研究はほとんど実施されていないようだ。「マツタケ」の人工栽培は大いに期待されるが、医薬分野のリード化合物を見つけるには、毒キノコの大量生産のための技術開発も必要となる。

土の養分を吸収して木に供給する代わりに、木から光合成で得た養分をもらって成長する。

図24　木材腐朽菌（左）と菌根菌（右）

第 10 章　腸内細菌叢

　腸管内に生息するビフィズス菌や乳酸菌は、ヒトの健康維持に有益な働きをしている。ビフィズス菌は1899年、パストゥール研究所のティシエ(H.Tissier)により、母乳で育った赤ちゃんの便から初めて発見された。ビフィズス菌は乳酸菌と違って酢酸をつくることを、最近の乳業業界のコマーシャルで強調している。ところが、ヘテロ型発酵で酢酸をつくる乳酸菌もいるのだ。ビフィズス菌や乳酸菌、それにある種の腸内細菌は、良い意味でヒトとの共生関係を維持している。良好な共生関係を築くに至った理由は、ヒトが生きるために必要なエネルギーの獲得に腸内細菌の存在がどうしても必要だからである。ヒトは食物繊維を消化する酵素をもたないが、腸管内には食物繊維を酸素なしの条件下（嫌気的条件）で分解して脂肪酸に変換する細菌がいる。ヒトは腸管で、腸内細菌がつくった脂肪酸を吸収し、エネルギーとして利用している。一方、腸内細菌側からすれば、ヒトと共生することで十分な栄養と酸素の少ない環境を得られるというメリットがある。

　エネルギー獲得のために腸内細菌が重要であるとの考え方は、腸内細菌叢の欠如している無菌マウスに高カロリー食を与えても、体重増加がほとんど認められないとの観察結果から見出された。腸内細菌の重要性が認識されて以来、腸内細菌叢と、「肥満」、「メタボリック症候群」、「糖尿病」、「脂肪肝」などの関連性を検証するための研究が盛んに行われるようになった。

　乳酸菌が、ヨーグルト、チーズ、漬物などの製造に重要な働きをするとともに、整腸作用にも有効であることはよく知られている。ビフィズス菌も乳酸を産生し、整腸作用では乳酸菌と同じ働きを担うので、ビフィズス菌を乳酸菌の仲間として扱う研究者がいる。しかしながら、分類学ではビフィズス菌と乳酸菌は全く異なる細菌なのである。

　ビフィズス菌は、むしろ、放線菌（*Actinomycetes*）に近い「ビフィドバクテリウムに属している。乳酸菌は「多量の乳酸をつくる細菌」の総称で、細胞形態は球菌（coccus）タイプ、もしくは桿菌（rod）タイプに分かれるが、ビフィズス菌はY字やV字型に分岐した独特の細胞形態をとっている。ちなみに、「ビフィズス」とはラテン語で「分岐」という意味である。

乳酸菌は、酸素があっても生育できるが、酸素の少ないほうが生育には適している。この性質を「通性嫌気性」と呼んでいる。一方、ビフィズス菌は「偏性嫌気性」であり、酸素があると生育できない。乳酸菌の中には、乳酸のほか、エチルアルコール、酢酸、炭酸ガスなどをつくるものもいる。他方、ビフィズス菌も乳酸をつくるが、糖の代謝経路は乳酸菌とは異なり、2分子のグルコースから乳酸2分子と酢酸3分子をつくる。

　ヨーグルト商品のなかでは生きていても、乳酸菌は口から摂取して食道を通過したあと胃酸や胆汁酸に接触するので、ほとんどの種類の乳酸菌は死んでしまう。これらの酸に耐性を示す乳酸菌や死んでしまった乳酸菌はいずれも腸管へ運ばれ、ビフィズス菌の増殖に影響を与える。乳酸菌の摂取が功を奏して、腸内細菌叢に占めるビフィズス菌の割合が高まれば、有害菌の腸内細菌叢に占める割合が減少するが、乳酸菌が生きて腸まで届くほうがビフィズス菌の増殖に有利か否かはよくわかっていない。

　腸内にいるウエルシュ菌（*Clostridium perfringens*）は、インドール、アンモニア、フェノールなどの発癌物質を生成する、いわゆる悪玉細菌であるが、ビフィズス菌が増えてウエルシュ菌の占める割合が減れば、健康に良い影響を与える。これが乳酸菌やビフィズス菌には「ヘルスケア効果」があるといわれる由縁である。近年、腸内細菌叢のバランスが悪くなると、肥満や精神疾患が誘発されるとの驚くべき発見がなされた。

腸内細菌叢とは何か？

　腸管内は栄養が供給される場所なので、細菌にとっては恰好の住処である。腸管内に生育する常在菌は、ヒトが消化できない成分をも栄養素として利用する。例えば、食物繊維には水溶性の食物繊維と不溶性の植物繊維があるが、ヒトはいずれも消化できない。その点、ビフィズス菌は食物繊維を資化できる。その結果、大腸の善玉菌が増えて腸内環境を改善できると言われている。腸内には1,000種類を超える細菌が、総計で1兆個を超えて生存していると言われている。菌数が推測の域を脱しないのは、腸管内には試験管で培養困難な細菌も多数存在する（難培養性の細菌）ので、腸内細菌叢を形成する菌の種類はさらに多いものと推測されるからである。

　腸内細菌を集団として捉えることを「腸内細菌叢」と呼び、その集団をお花畑になぞらえて「腸内フローラ」と呼ぶこともある。

　乳酸菌と腸内細菌叢に関する研究は1950年代に開始された。動物でも

ヒトでも、その腸内には、ビフィズス菌のほか、ラクトバチルス属や、エ
ンテロコッカス属の乳酸菌が住んでいる。他方、ウエルシュ菌、黄色ブド
ウ球菌、毒素生産性大腸菌、緑膿菌などの悪玉細菌のほか、バクテロイデ
ス（*Bacteroides*）、ユウバクテリウム（*Eubacterium*）、嫌気性グラム陽性連鎖球
菌（*Peptostreptococcus spp.*）、酪酸菌（*Clostridium butyricum*）なども腸管内を
住処としている。善玉菌はヒトの健康維持に貢献し、悪玉菌は身体に害を及
ぼすとされ、乳酸菌やビフィズス菌は善玉菌グループに属している。その
善玉菌と悪玉菌が一定のバランスで腸内に住みつき、その中間にある細菌も
加わって、そのヒトに固有な腸内細菌叢が形成されている。人間にとって有
益か有害かで判断するのであれば、善玉菌は「有益菌」、悪玉菌は「有害菌」
と呼ぶほうが適切なのかもしれない。

　口から摂取した食物は、食道、胃を経て十二指腸などの小腸上部に到達し、
栄養分が吸収されながら大腸を通過し、直腸へと送られる。このため、消化
管の場所によって栄養分に違いが生じる。また、消化管に送り込まれる酸素
濃度は低いうえに、腸管上部で生育する腸内細菌は呼吸して酸素を消費する
ため、下部に進むほど腸管内の酸素濃度は低くなる。そして、大腸付近では
ほとんど酸素がない環境となる。これを「嫌気」状態と呼んでいる。このよ
うに、同じ腸管内でも、厳密には小腸から大腸に至るまでの場所によって栄
養や酸素濃度が異なるので、腸内細菌叢を構成する細菌の種類と比率は、腸
管部位によって明らかに違っている。腸内細菌数は小腸の上部では少なく、
通性嫌気性菌（酸素があっても発育するが、酸素がないほうが生育の良い菌）
の占める割合が高い。また、腸管下部に向かうにしたがって細菌数は増加し、
酸素のない環境に適した腸内細菌（これを偏性嫌気性菌と呼ぶ）が主流となっ
ていく。

　腸管内にいる乳酸菌はビフィズス菌の 1/1,000 以下であり、まったく検
出されないヒトもいる。赤ちゃんが誕生して初めて排泄する便は無菌である
が、2-3 時間後には腸内に大腸菌や腸球菌が生育している状況となる。生ま
れた次の日には、総菌数が便 1g あたり 1,000 億個以上にも達すると推測さ
れている。3 日後にはビフィズス菌が出現しており、それが腸内細菌叢の 9
割以上を占めるようになる。その際、有害菌である大腸菌毒素産生株、腸球
菌、ブドウ球菌、中間菌であるバクテロイデスなどは、ビフィズス菌数の 1%
程度に抑えられており、生後 7 日目でその赤ちゃん特有の腸内細菌叢が完成
する。ところが、離乳食を摂るようになると、それまで優勢であったビフィ

ズス菌が減少し始め、バクテロイデス優勢の成人型になっていく。晩年には、腸内細菌叢のバランスが崩れて、ビフィズス菌が著しく減少、それに代わってウエルシュ菌の検出率が増加するとともに、乳酸桿菌（*Lactobacillus*）や大腸菌数も増えてくる。ちなみに、ウエルシュ菌はガスを発生させる「通性嫌気性細菌」で、「芽胞」を形成する。その中でも毒素産生株は食中毒の原因菌としても知られている。食品の保存温度がウエルシュ菌の増殖の適温になると、「芽胞」が発芽し、食物とともに腸管まで運ばれて「栄養細胞」になる。その細胞が芽胞細胞へと移行するときに産生されるエンテロトキシン（毒素）が下痢を誘発する。

　このように、年を重ねるごとに腸内細菌叢も確実に変化していく。若いヒトでも過度のストレスを受けるとウエルシュ菌が増加し、反対にビフィズス菌数は減少して高齢者と似た腸内細菌叢になってしまう。一方、食物繊維を多く含む食事を積極的に摂取すると、ユウバクテリウム（*Eubacterium*）とビフィズス菌の菌数が増える。また、感染症の治療薬である「抗生物質」を汎用すると、その薬剤に感受性を示す腸内細菌は死んでしまうので、腸内細菌のバランスが変化してしまうことが多い。

腸内細菌はなぜ体外へ排除されないのか

　病原細菌が感染すると、人間に本来備わっている免疫システムが働いて、異物として病原体を排除しようとする。このように自己と異物を見分けるシステムが「免疫」である。免疫担当細胞の70％は腸管にある。腸管内には100兆個を超える細菌が存在し、それぞれのヒトに固有の腸内細菌叢が形成されている。すなわち、人間と細菌との共生関係が腸管内にある。
では、なぜ、腸内細菌は免疫システムによって排除されないのであろうか。その理由は、腸内細菌は人間の腸粘膜や腸粘液と共通の抗原を持っているからである。すなわち、腸内細菌の表面にある抗原は、ヒトの免疫システムでは異物として認識できないほど、宿主（人間）のものと似ているからである。当然、抗原が似ていれば、免疫システムは異物としては認識できず、排除されることはない。

　一方、ヒトに対して整腸作用や免疫賦活作用を示すためには、乳酸菌が腸管内に一定期間留まり、そこで増殖するほうがいいと考えられる。言い換えれば、付着能が低い乳酸菌は糞便とともに速やかに体外へと排泄され、ヒトへの有益な作用は一時的なものになってしまう。

　経口摂取され、腸管まで達した乳酸菌は、腸管上皮細胞の表面にあるムチン層に付着すると考えられている。最近、腸管ムチンへの乳酸菌の付着には、乳酸菌の表層で発現するグリセルアルデヒド 3- リン酸デヒドロゲナーゼ（GAPDH）が関与しているのではないかとの報告がなされた。ムチンは高分子の糖タンパク質であり、その高分子全体の 50-80% は糖である。そこで、乳酸菌の表面に存在する GAPDH がムチンの糖鎖を認識し、付着するのではないかと推測されている。さらに、ラクトバチルス・ラムノーサス（*Lb. rhamnosus*）GG の菌体表面には、GAPDH のほかにホスホグリセレートキナーゼが発現していること、ならびに *Lb. plantarum* LA318 の菌体表面で GAPDH が高発現していることや、同種の LM3 株では、2- ホスホグリセリン酸の脱水によるホスホピルビン酸の生成反応を触媒する酵素（エノラーゼ）も発現していることがわかり、これらのタンパク質も付着性にかかわっているものと示唆されている。さらに、乳酸菌体の表面でリポテイコ酸も発現していることから判断すると、GAPDH のみで腸管ムチンへの付着性を論ずるのは難しいのかもしれない。

腸内細菌の腸内環境への適応

　「腸内細菌」とは、腸内細菌科（*Enterobacteriaceae*）に属する細菌の総称で、通常、慣用的に「腸内細菌」と呼ばれている。2014年11月28日の科学新聞は，「腸内細菌科細菌が腸内と体外の環境変化に順応するメカニズム」を理化学研究所の横山茂之 上席研究員の研究グループが解明したと報じた。

　具体的には、細菌感染症の半数はサルモネラ菌、赤痢菌、クレブシエラ菌、ペスト菌などの腸内細菌科細菌によって引き起される。これは「腸内の嫌気環境」と「体外の好気環境」のいずれの環境でも増殖できるという「通性嫌気」という性質を腸内細菌科細菌がもつことに起因している。ただし、多くの微生物はどちらかの環境でしか生きられないのが一般的である。

　腸内細菌叢の 95% を占める「偏性嫌気性細菌」は体外では生きられないため、感染性はない。それに対し、腸内細菌科細菌は腸内のみではなく、土壌や下水の中でも生育できるため、宿主間を移動することが可能である。その結果、腸内細菌科細菌は、体力や免疫力が落ちたヒトに対して日和見感染や旅行者下痢症などを引き起す「条件付病原菌」として感染できるほか、深刻な「偏性病原菌」として頻繁に感染することもできる。そのため、腸内細菌科細菌が腸内と体外の環境変化にどのように細胞機能を順応させているか

を知ることは有用な研究テーマとなっている。

　上記の理研グループは、腸内細菌科細菌が異常タンパク質を分解する機能をもつ「Lon プロテアーゼ」を有することに着目した。その研究成果として、腸内細菌科細菌の Lon プロテアーゼは、分子内の２つのシステイン残基間でジスルフィド結合を形成するが、他の生物種にはそれは見られない。彼らは、腸内細菌科細菌の Lon プロテアーゼの可逆的なジスルフィド結合が、その酵素活性を調節する「酸化還元スイッチ」であることを突き止めた。腸内細菌科細菌の Lon プロテアーゼ活性は、嫌気環境では低いが、好気環境では高くなる。この機構により、Lon プロテアーゼ酵素が最適化されることで、腸内細菌科細菌が、「嫌気条件」と「好気条件」のいずれの環境でも増殖することができることを明らかにした。

　ちなみに，ヒトや動物の腸内細菌の大部分は、腸内細菌科以外の偏性嫌気性細菌によって構成されており、腸内細菌科に属する菌数が占める割合は 1% にも満たない。ヒトの糞便には 1 g あたりの細菌数は 100 億から 1,000 億と言われているが、このうち 100 万から 1 億が腸内細菌科細菌である。それ以外の細菌として、バクテロイデス属やユーバクテリウム属などの偏性嫌気性菌が占めている。

腸管内のクロストリジウム

　クロストリジウム・ブチリカム（*Clostridium butylicum*）は「芽胞」を形成する偏性嫌気性の細菌であり、10-20% のヒトの腸管内に常在している。*C. butylicum* MIYAIRI 558 は、1933 年、千葉医科大学衛生学教室（千葉大学医学部）の宮入近治博士が見いだした「腐敗菌に強い拮抗作用がある酪酸菌」で、種々の消化管病原体に対しても拮抗作用を有し、ビフィズス菌や乳酸桿菌と共生することで整腸効果を発揮する。

　2015 年、慶応大学医学部の吉村昭彦教授の研究グループは、C・ブチリカム MIYAIRI 588 を餌に添加してマウスに摂食させると、免疫のコントロールに重要な制御性 T 細胞が増加して、腸炎が改善されることに着目した。その制御性 T 細胞の増加機構を詳しく調査した結果、MIYAIRI 588 株が保有する細胞壁成分のペプチドグリカンが、白血球の一種である「樹状細胞」を活性化することで、「トランスフォーミング増殖因子-β：TGF-β」と呼ぶ、免疫抑制機能をもったタンパク質を増加させることを見出した。TGF-β の増加により、制御性 T 細胞が誘導され、その結果として、炎症が抑えられ

ることにつながる。したがって、MIYAIRI 588 株をヒトが摂取すると、潰瘍性大腸炎やクローン病の予防改善が期待できるかもしれない（参考文献：Yoshimura et al.、Immunity 43、65-79、2015）。

Tea time　「潰瘍性大腸炎」 患者 9 割に特定の「抗体」 京大が発見

　京都大の研究グループが、原因不明の下痢や血便を繰り返す難病「潰瘍（かいよう）性大腸炎」の患者の 9 割に、特定の「抗体」があることを見つけたと発表した。抗体を測る検査キットを企業と開発し、新たな診断法にしたいとしている。

　自己免疫疾患である「潰瘍性大腸炎」は免疫反応でできる抗体が、誤って自分の体内にもともとある物質を攻撃する現象だ。抗体は本来、病原体を攻撃する。そこで、グループは患者 112 人の血液を用いて、自分の体内にある物質に反応する「自己抗体」を調べた。その結果、患者の 9 割に「インテグリン αVβ6」というタンパク質に対する抗体があった。他の病気の患者には、この抗体は少ないこともわかった。（出典：朝日新聞デジタル 2021 年 3 月 10 日）

第 11 章　サイレントキラー

肥満が原因の病気
　周囲の人々に「肥満になるのは何が原因だと思いますか？」と尋ねると、「過食」、「偏食」、「運動不足」などの答えが返ってきた。「肥満」とは、脂肪が体内に過剰に蓄積された状態を指すが、同じ食事をしても肥満になるヒトとならないヒトがいる。当然ながら、摂取カロリーを制限し、適度な運動でエネルギーを消耗すれば肥満は防げる。ここでは、肥満を理解し易くするための科学的事象について述べてみたい。

脂肪細胞
　脂肪滴（過剰な脂肪を貯蔵するための構造）を含む「脂肪細胞」には、「白色脂肪細胞」と「褐色脂肪細胞」の２種類がある。「白色脂肪細胞」は皮下や内臓に分布し、体内の余分なエネルギーを脂肪として蓄積する。一方、「褐色脂肪細胞」は鎖骨の近くや胸まわりに分布し、脂肪を燃焼してエネルギーをつくる役割を担っている。
　健常人の白色脂肪細胞の直径は $80\,\mu$m ほどだが、肥満者のそれは $140\,\mu$m ほどまで膨らみ、かつ、細胞数も増える。最近まで、通常、ヒトの白色脂肪細胞数は 400 億ほどで、それ以上は増えないとされていたが、最新の研究によると、肥満者の白色脂肪細胞数は 800 億ほどもあった（河田照雄：ヘルシスト、生活習慣病にならないために、第３回　肥満）。

肥満度を判定する指標 BMI
　BMI は体重（kg）÷（身長（m）×身長（m））で計算される。BMI は Body Mass Index の略で、肥満度の指標となっている。世界肥満連合による BMI 値の調査によると、世界の総人口が 73 億人であった 2016 年には、BMI が 25 以上 30 未満の「過体重」の成人は世界で 13 億 700 万人、BMI が 30 以上の「肥満」の成人は 6 億 7,100 万人であった。肥満と過体重（オーバーウエイト）を合計すると 20 億人にも達している。

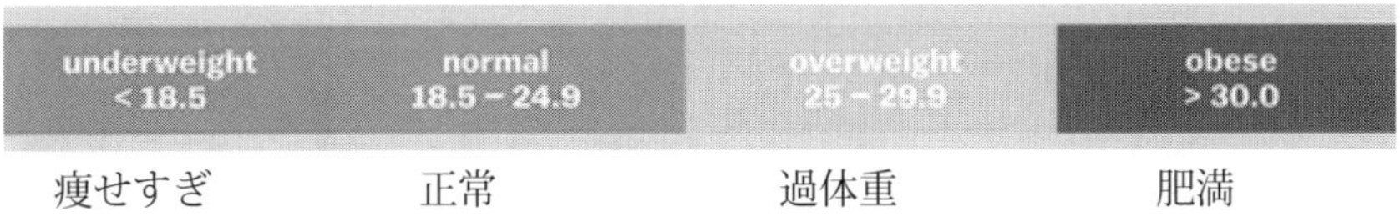

underweight < 18.5	normal 18.5 – 24.9	overweight 25 – 29.9	obese > 30.0
痩せすぎ	正常	過体重	肥満

図 25　BMI

　わが国の 2019 年（令和元年）における「国民健康・栄養調査」の報告書によると、日本人の肥満者（BMI ≧ 25 kg/m^2 ）の割合は男性が 33.0％、女性が 22.3％であり、直近の 10 年間でみると、女性では有意な増加は認められないが、男性では平成 25 年から令和元年の間に増加している。痩せたヒト（BMI 18.5 kg/m^2 以下）の割合は男性で 3.9％、女性は 11.5％で、この 10 年では男女とも増減はみられなかったが、年代別にみると、男性の肥満は 40 歳代が 39.7％と最も高く、つぎが 50 歳代の 39.2％であった。まさに中年太りだ。女性では高齢者になると肥満率が高くなり、60 歳代で 28.1％が肥満であった。

　BMI の計算方法は世界共通だが、肥満の判定基準は国によって異なる。WHO の基準は、BMI 値 30 以上を "Obese"（肥満）としているが、日本肥満学会では、25 以上を「肥満」、18.5 未満が「低体重（やせ）」、18.5 〜 25 未満を「正常体重（普通体重）」としている。ちなみに、BMI 22 が最も病気になり難く、25 を超えると脂質異常症、糖尿病、高血圧症などの生活習慣病を発症するリスクは 2 倍以上になる。なお、血中のコレステロールや中性脂肪が高すぎたり、低すぎたりする状態を「脂質異常症」と呼んでいる。

平均寿命と健康寿命

　日本の健康スローガン、「健康長寿社会の実現」をめざすためには、肥満を予防することがきわめて重要である。健康長寿社会とは、「国民が健やかに生活しながら老いることができ、たとえ病気やケガをしても良質な医療が受けられて、すぐに社会復帰ができる社会」であろう。人々が健やかな生活を営むために、いかに病気を予防するかを考えなければならない。

　多くのヒトが健康で長生きすることを望み、それが実現すれば社会は必ず高齢化する。言い換えれば、「高齢化」は人間が健康長寿を求めた最終結果なのである。日本人の平均寿命はもうすぐ 90 歳に手が届こうとしているが、自立した生活を送ることができる「健康寿命」は、平均寿命よりも男性では 9 年、女性は 12 年も短い。これが意味するところは、健康な生活を送れな

い期間が 9-12 年間もあるということだ。

　米国の著名な医学雑誌 Lancet（2016, 388, 776-786）に、米国ハーバード大学と英国ケンブリッジ大学の共同研究チームによる「肥満が寿命に与える影響」が発表された。要約すると、1970 年から 2015 年にかけて実施された 239 件の大規模な疫学調査を基に 32 ヶ国（総計 1,060 万人）分のデータを解析したところ、肥満はさまざまな病気のリスクとなって、寿命を縮めることがわかった。特に、重度の肥満者の寿命は 10 年ほど短くなり、2 人に 1 人は 70 歳になる前に死亡する恐れがあると指摘している。肥満を抱えたままでは確実に寿命を縮めてしまうのだ。

　以前は「成人病」と呼んでいたが、それに代わる「生活習慣病」という言葉が 1996 年から使われるようになった。生活習慣を改善すれば病気の発生を抑えることができるので、早急に予防対策をとろうとの積極的な考え方から名称変更されることになった。

　偏食や運動不足、連日の飲酒や喫煙、ストレスを抱えた生活などを続けていると発症する生活習慣病は「サイレントキラー」と呼ばれ、自分でも気づかないうちに動脈硬化が進む。

　がん（癌）、心臓病、脳卒中は日本の 3 大死因である。心臓病や脳卒中の原因となる「動脈硬化」は肥満が関与し、医師の間では「肥満、糖尿病、脂質異常症、高血圧」を「死の四重奏」と呼んでいる。

フレイルとサルコペニア

　英語に Frailty（フレイルティ）という言葉がある。日本語に訳すと「虚弱」、「老衰」、「脆弱」などを意味している。最近、よく耳にする「フレイル」の語源である。さらに、「サルコペニア」という言葉も聞かれるようになった。フレイルとサルコペニアをいかに予防するかが、日本の医療費を抑えるための重要課題となっている。

　「フレイル」とは、加齢により心身の脆弱（ぜいじゃく）が起きることを言う。加齢は誰もが人生を送る上で避けて通れない。ヒトは歳をとると運動能力も低下し、さまざまな心配事や不安によるストレスが心を弱くさせる。フレイルそのもので、今すぐ問題が起きるわけではないが、体重の減少や気力の低下、活動力の減少などが複合的に起きるため、やがて心身の総活力が低下していく。

　一方、「サルコペニア」とは、筋肉量の減少によって身体機能が低下する

状態を指す。「サルコ」はギリシャ語で筋肉を、「ペニア」は喪失を意味し、それを合わせた造語がサルコペニア（筋肉の喪失）である。人間は筋肉があるからこそ身体を動かすことができる。筋肉が少なくなると、転倒や骨折のリスクが高まり、最悪の場合は寝たきりになってしまう。すなわち、フレイルとサルコペニアとは互いにリンクし合い、片方のリスクが高まると、もう一方のリスクが顕在化するので、同時に予防していく必要がある。

　ヒトが元気を失って要介護になることによる日本の経済的損失は 6,000 億円にものぼると推測されている。フレイルとサルコペニアに陥り、介護状態になってしまうと生活が不自由になるだけでなく、家族にも負担がかかる。サルコペニアを回避する生活習慣を心掛ければ、おのずとフレイルを回避することにもなる。両者を予防するために、「食べること」と「動くこと」を実行することが不可欠だ。筋肉量を維持するためには、魚、卵、豆腐、肉といった良質なタンパク質を摂取することが重要で、転倒や骨折の予防には牛乳や魚由来のカルシウムの摂取が大切である。さらに、腸内環境を整えて、免疫力を高めるのに少なからず役立つ、納豆、漬物、ヨーグルトなどの発酵食品の摂取も有意義だ。

　日本の地域社会におけるフレイル対策は、各自治体が従来の介護予防事業の延長で独自に実施しているが、多くの課題が山積みである。① 健康に関心のあるヒトたちだけが参加、② 対象者は高齢者のみなど。したがって、フレイル予防や健康長寿社会の街づくりを推進するためには若い世代に協力を要請し、一緒にフレイルを理解する取り組みを考えたいものだ。サルコペニアやフレイルの早期発見法と予防法の確立は緊急の臨床的課題である。

　フレイルのチェック項目は、① 体重減少（半年で 2-3kg 減）、② 握力が弱い（男性 26kg 未満、女性 16kg 未満）、③ 疲労感がある（理由もなく疲れた感じがする）、④ 歩くのが遅い（歩行速度 1.0 m/ 秒未満）、⑤ 運動習慣が無いなどである。

　厚生労働省の「2020（令和 2）年簡易生命表」によると、男性の平均寿命は 81.64 年、女性の平均寿命は 87.74 年となり、男性で 0.22 年、女性で 0.30 年ほど前年を上回った。男女ともに世界トップクラスだ。また、65 歳以上の高齢者の総人口に占める割合、いわゆる「高齢化率」は 2060 年には 39.9％に達すると予想されている。ただし、65 歳以上の高齢者はそれほど増えないにもかかわらず、高齢化率が高まる原因は、若い世代が減少しているからだ。

近年、「高齢化対策」という言葉が頻繁に使われるようになった。だが、「対策」には「長生きが悪い」というメッセージを暗に含んでいる気がしてならない。「ヒトの生物学的寿命は最大120年であることから判断すると、65歳以上の高齢者の割合を示す理論的な高齢化率は46％になる」と、経済産業省の官僚が述べている（江崎禎英著、社会は変えられる　図書刊行会、2018年出版）。医療技術が進歩すればするほど高齢化社会になるので、日本は人類が求め続けてきた正しい道を進んでいると言える。そして、生まれる子どもの少ない社会が高齢化に拍車をかけている。

　21世紀の高齢社会は単に長生きをめざすのでなく、如何に「毎日元気」で、生きがいを持ちながら、健やかに生活できるのかを目標としたいものだ。それには、腸内微生物叢研究の潮流のなかで、① 腸内細菌叢の破綻が病気を発症することや、② 腸内細菌のつくる物質が「がん」を誘発するなどの研究を紹介した上で、乳酸菌もしくは乳酸菌のつくる代謝産物が病気の予防改善につながるとの私の研究を含めた研究の現状を以下に紹介したい。

日本型食生活

　日本人は長い歴史の中で「一汁三菜」を基本として季節に合わせた食文化を育んできた。この基本スタイルと、「うま味」を上手に使った動物性脂肪の少ない食生活は、日本人の肥満防止と長寿社会の形成に貢献し、「和食」は世界の注目を集めている。その証に、平成23年（2011年）、「和食：日本人の伝統的な食文化」がユネスコ無形文化財遺産に登録された。登録された「和食」は、料理そのものだけではなく、「自然を尊ぶ」という日本人の気質に基づいた「食」に関する「習わし」をも示すものである。

　ところが、近年になって「ご飯と一汁三菜」を中心とした日本の伝統的食生活を取り巻く社会環境が変化してきている。その原因として、素早く食事を済ませたい人々にとって便利な米国型「ファストフード（fast food）」の人気である。安価ながら美味しく、しかも素早くとれるファストフードは、学生、ビジネスマン、若いファミリーなどから支持されている。

　そして、食事内容の欧米化が進んだ1980年代に、栄養バランスが崩れ始めた。また、若い女性の痩せ願望による減食、朝食の欠食、偏った食事なども起きている。さらに、新型コロナ感染症は友人同士での楽しい会食の機会を奪っている。マスクを気にしながらの食事は決して楽しいものではない。

第12章　現代病の特徴

アレルギー疾患

　例年2-4月になると花粉症に悩む人々が多くなる。花粉以外にも、食物、薬剤、ダニ、埃（ほこり）に対し免疫システムが過剰応答するとアレルギー症状を起こすことがある。それがより過度な免疫応答を、特に「アナフィラキシー」と呼ぶ。具体的には、皮膚の痒みなどの症状のほか、唇や舌のむくみ、呼吸困難、下痢や嘔吐などを引き起こす。重症の場合は血圧が急低下したり、意識を失ったりする。これがアナフィラキシーショックである。

　アレルギー反応は、I型、II型、III型、IV型に大別される。I型はアレルゲン（抗原）を認識するIgE抗体が肥満細胞（mast cell: マスト細胞とも呼ぶ）に結合することにより、ケミカルメディエーターと呼ばれるヒスタミンやロイコトルエンが遊離し、かゆみ、発疹、鼻炎、蕁麻疹、気管支喘息、アナフィラキシーなど起こす。ちなみに、マスト細胞は末梢血の顆粒球の一種で、好塩基球に似た性質を持った免疫担当細胞である。

　II型は、赤血球や血小板などに抗体が結合して起きる反応で、血液型の適合しない輸血をすると、溶結性貧血が起きるアレルギー反応である。III型は抗原と抗体が結合して免疫複合体と呼ばれるものが生じ、この複合体が組織を傷害して起こるアレルギー反応だ。IV型は免疫担当細胞のうち、おもにT細胞（T：ThymusのTをとってT細胞と命名）が関わるアレルギー反応で、I - III型アレルギーとは違って抗体は関与しない。抗原の情報を記憶したT細胞が「サイトカイン」と呼ばれる炎症調節因子を放出することによって起きる。指輪などの金属によるアレルギーなど、「接触性皮膚炎」がこのIV型グループである。

自己免疫疾患

　自己免疫疾患とは、本来は病原体から身を守るはずの免疫システムが異常をきたし、自分自身の身体を誤って攻撃をする状態を指す。大腸及び小腸の粘膜に慢性の炎症、または潰瘍を引き起こす疾患を総称して「炎症性腸疾患（Inflammatory Bowel Disease：IBD）」と呼び、狭義には「クローン病」と「潰

瘍性大腸炎」に分類される。これらの疾患が自己免疫疾患である。現在、日本の潰瘍性大腸炎の患者数は22万人、クローン病は4万人ほどである。安倍晋三元首相の持病であった「潰瘍性大腸炎」は、大腸に炎症が起きて大腸の粘膜が傷つき、タダレたり潰瘍ができたりする。欧米人に多く、日本でも患者が増えている。

　症状に応じて、5-アミノサリチル酸（5-ASA）製剤、免疫抑制剤、抗体医薬のいずれかが処方される。この病気の原因は未だよく解らないことから、厚生労働省は難病に指定しており、完治療法は確立されていない。

　　「潰瘍性大腸炎」の場合、腸の粘膜を異物とみなした顆粒球（白血球の一種）が活性酸素を放出し、それが腸粘膜を傷つける。「クローン病」は、おもに若年層に発生する原因不明の腸疾患である。小腸や大腸の粘膜に潰瘍を生ずるのが特徴で、1932年に最初に報告した医師バーリル・B・クローン博士にちなんで名づけられた。クローン病の症状は下痢や腹痛がおもだが、体重が減少し、肛門に潰瘍ができることも多い。I型糖尿病と関節リウマチも自己免疫疾患のカテゴリーにはいる。ちなみに、I型糖尿病は、膵臓のインスリンを出す細胞（β細胞）が壊されてしまう病気である。β細胞からインスリンがほとんど出なくなることが多く、I型糖尿病と診断されたら、治療にインスリンの注射や製剤を投与する。関節リウマチは、関節を動かす時の痛み、圧痛（押さえると痛い）、関節の腫れが主な症状で、初期症状として、なんとなく体が重く、37℃台の微熱、食欲不振や貧血があったりする。

がん（癌）

　厚生労働省は、2019年（令和元年）の日本人の死因で最も多かったのは「がん（悪性新生物）」であると発表した。亡くなったヒトの3割ほどが「がん」だ。特に、肺がん、胃がん、大腸がんなどは男女ともに死亡率が高い。

　ではなぜ日本人には、がんで亡くなる人がこれほど多いのか？がんが発生するのは、細胞分裂の際に遺伝子の写し間違いが起こるからで、私たちが長く生きれば生きるほど、細胞分裂の総回数が増える結果、写し間違いの確率も高くなる。日本は世界屈指の長寿国である。言うならば、日本人にがんで亡くなるヒトが多いのは、裏を返せば日本人が長生きだからだと言える。

　日本人にがんが多いもう一つの理由は、日本の医療が発達しているからである。医療技術が発達すればするほど、がん以外の病気で死亡する確率が低くなるからである。高血圧やコレステロール値が高いと診断されると、最適

な薬が処方される。その結果、脳卒中や心筋梗塞などで亡くなるヒトが減り、相対的にがんで亡くなるヒトの比率が増えることになる（参考：谷川著　がんを告知されたら読む本：プレジデント社）。

　肺がんは喫煙を長期に渡って続けると高い確率で発症する。また、腸内細菌のなかで悪玉菌が増えると、ニトロソアミンなどの発がん性物質が増えるので、がんの発症リスクが高くなる。みぞおちの痛みや吐き気などが続くと胃がんが疑われ、血便や便潜血をともなうなら大腸がん、頑固な咳や血痰が続くときには肺がんが疑われる。乳がんの場合は触診で胸の「しこり」に気づいて発見されることが多い。

　Tea time　がんを治療する最新の医療技術

　がんの治療法としては、①外科的手術、②放射線照射、③抗がん剤の投与、④免疫療法の４つがある。免疫療法に関しては、2018 年にノーベル生理学・医学賞を受賞した本庶佑教授が開発した「オプジーボ」という、免疫チェックポイント阻害剤の投与が代表的だ。

　2015 年、米シカゴ大学とフランスの研究チームが「腸内細菌の違いによって、癌免疫治療薬の効果が左右される」という報告をした。その後、オプジーボ投与が効いた患者の腸内細菌叢を調べてみると「ビフィズス菌」が多いという研究結果が報告された。

血管や血流が関与する疾患

　心臓に栄養と酸素を運ぶ「冠状動脈」が塞がると酸素が不足してしまう。その結果起きる病気が「心疾患」である。心筋の栄養を司る 2 本の動脈を「冠動脈」と呼び、心室と心房の境を冠状に取り巻いている。冠状動脈が血栓などで塞がると血流が遮断され、そこから先の細胞が壊死してしまう。これがいわゆる「狭心症」だ。食生活の乱れ、運動不足、喫煙、ストレスによっても血管の弾力性が失われて血流が障害されるので、血液が停滞し、できた血栓で血管が塞がりやすくなる。心臓に激痛が走る狭心症の発作は、我慢していれば 2 〜 3 分ほどで痛みが減少するが、「心筋梗塞」は心筋の部分的壊死が始まっているので、激痛が長時間続く。さらに、左肩、首筋、あご、喉なども痛み出した場合には早急の治療が必要である。

「脳卒中」も脳血管疾患である。脳卒中は大きく、脳出血、脳梗塞、くも膜下出血（脳血管に動脈瘤ができて破裂する）の３つに分類されている。脳の動脈が詰まるのが「脳梗塞」、脳の冠動脈が破裂して出血するのが「脳出血」である。

　動脈破裂のほとんどは高血圧が原因である。脳圧が高いと血管に負担がかかり、傷害されやすくなる。重症の場合は意識不明に陥り、手足の運動障害が引き起こされることもある。脳梗塞の場合、前兆症状として目の焦点が合わず、手足のシビレ、めまい、呂律（ろれつ）が回らないなどの症状が認められる。

　脳出血では、頭が重い、吐き気がする、頭が激しく痛むなどの初期症状がみられることが多い。しかしながら、その前段階として、高血圧症のほか、糖尿病や高脂血症（脂質異常症）などの発症が挙げられる。

II型糖尿病

　糖尿病は膵臓でつくられるインスリンが慢性的に不十分な状態を示す病気である。インスリンが不足すると血糖値が上がり、ブドウ糖をエネルギーに変えることができない。頻繁に喉が渇き、最近になって痩せてきた、目がかすむ、疲れやすいという症状が出る。この症状がある場合には、すでに病状が進行してしまっている状態である。空腹時の血糖値は、70-110 mg/dL が正常値であるが、126mg/dL 以上なら「糖尿病」と診断される。40歳代以上になると糖尿病を患う人が多くなる。そこで、毎年、健康診断を受け、血液検査することが重要である。血液中の赤血球を構成するタンパク質である「ヘモグロビン」は肺で酸素を受け取って、全身に酸素を運んでいく働きを担っている。ヘモグロビンは血中の糖ともくっつきやすいタンパク質でもある。そこで、糖尿病の検査項目の一つとしてブドウ糖と結合したヘモグロビンの割合 (%) を示す HbA1c 値を調べる。その値が 6.5% を超えるならば糖尿病が疑われる。糖尿病が進行すると、網膜症や腎症のほか、神経障害を引き起こすリスクが高くなる。

脂質代謝異常症（高脂血症）

　高脂血症は血中の脂質量が増え過ぎてしまう病気であるが、最近は高脂血症とは言わず、「脂質代謝異常症」と呼ぶようになった。脂質が血管内腔に付着すると血管内腔が狭くなるので、血流が滞ってしまう。コレステロール

は身体に必要ではあるが、過剰摂取すると血管閉塞のリスクが高まってくる。脂質量の多い食品の採り過ぎや、運動不足が血中コレステロールや中性脂肪の増大を招く。LDL コレステロール値 140mg/dL 以上、あるいは HDL コレステロールが 40mg/dL 未満、あるいは中性脂肪が 150mg/dl 以上であると脂質異常症と診断される。その症状に高血圧や尿糖異常が加わると、例え、総コレステロール値が 200mg/dL 以下でも危険である。脂質異常症を治療せずに放っておくと、動脈硬化、心臓病、脳梗塞へと移行する確率が高くなる。

高血圧疾患の現状

　2014 年に日本人間ドック学会と健康保険組合連合会（健保連）の調査研究小委員会は、健康診断での正常血圧の基準値として収縮期血圧は 147mmHg まで、拡張期血圧は 94mmHg までと決めた。それまでは、140/90mmHg 以上が高血圧とされていた。世界的な高血圧の基準は 140/90mmHg 以上であり、収縮期、拡張期ともにその基準を下回っていれば、正常域である。至適血圧を超えれば超えるほど、脳卒中や心筋梗塞などの心血管病が発症しやすくなる。また、高血圧を治療することによって心血管病の発症が減ることも確認されている。

　日本人間ドック学会と健保連とで決めた「正常」の基準値は、健常人の検査結果に基づいてその 95% の人の検査値の範囲を示したものであり、100 名の健常人のうち、95 名の値はこの基準値の範囲にあったことを示している。言い換えれば、診断や治療の観点から判断すると、高血圧の基準は 140/90 mmHg 以上であることには変わりない。

　厚生労働省が発表した「人口動態統計」によると、平成 29 年 1 年間の死因別死亡総数のうち、高血圧性疾患による死亡者数は 9,567 名で、その内訳は、「高血圧性心疾患および心腎疾患」が 5,680 名、その他の高血圧性疾患が 3,887 名であった。ちなみに、腎臓の働きが悪くなると余分な塩分と水分の排泄が十分にできず、血液量が増加し、血圧が上がる。血圧が上がれば腎臓への負担が増え、ますます腎臓の機能が低下する。したがって、腎臓を守るためにも血圧をコントロールすることはとても大切だ。また、平成 24 年（2012 年）度の国民医療費は 39 兆 2,117 億円であり、その年の 1 人あたりの国民医療費は 30 万 7,500 円であった。それが令和元年（2019 年）度になると、国民医療費は 44 兆 3,895 億円と、かなり増加し、1 人当たりの国民医療費は 35 万 1,800 円であった。

厚生労働省の試算では、国民の血圧が平均2 mmHg 下がると、脳卒中による死亡者は1万人ほど減り、循環器疾患全体では、何と2万人の死亡を防ぐことができるという。高齢化が進み、医療費もますます増えている現代社会情勢からすると、高血圧の予防改善は国策として実行するしかない。

鬱（うつ）病

　「うつ病」は脳のエネルギーが枯渇した状態であると考えられている。典型的な「メランコリー型」うつ病では、さまざまな仕事、責務、役割に過剰に適応しているうちに脳のエネルギーが減少してしまうのだ。このうつ病の特徴として、良いことがあっても気分は晴れないし、食欲不振と体重の減少がみられる。気分の落ち込みは決まって朝が最も悪い。過度な罪悪感を持ったりもする。

　幸いにも、ヒトは自然治癒力が備わっていて、それらの不具合がずっと続くことはない。不快なできごとにより、食欲が落ちることもあるが、脳のエネルギーが欠乏していなければ、自然治癒力によって、時間の経過とともに元気になる。時間が経っても、改善しないあるいは悪化する場合は生活に支障が生じるので、「病気」としてとらえ、医師や臨床心理士のカウンセリングを受けてみる。

　最近、うつ病と腸内細菌叢との間には密接な関連性のあることが指摘されている。調査によると、腸内細菌による「腸内尿毒症」が胃腸症状問題の根底にあり、これがうつ病と関連していることが示唆された。米国タフツ大学のサラ J. ユーティス博士らは、胃腸症状が認められるヒトでは、抑うつ症状のオッズ比（OR）が有意に高いことを見出した（Journal of the Academy of Consultation-Liaison Psychiatry 誌オンライン版 2021 年 8 月 27 日号）。抑うつ症状とは「気分が落ち込んで何にもする気になれない」状態のことである。他方、2005-16 年に米国健康栄養調査（3 万 6,287 人）が行われ、成人 3 万 1,191 人のデータを分析した。アウトカムには、過去 1 ヵ月間の粘液性または液性の排便および胃疾患、過去 1 年間の下痢、1 週間当たりの排便回数を含めた。ちなみに、この分析では、マイクロバイオームのサンプルは含まず、自己申告による胃腸症状のみとした。調査の結果、胃腸症状を有する人では、抑うつ症状を示す可能性が有意に高かった。

Tea time　眼の病気

　歳を取ると五感が鈍り、情報処理能力も低下していく。好奇心や感動も薄れてしまいかねない。現代人にとって老化と向き合うことは不可避である。「今の自分には関係ない」と考えているヒトにとっても、長寿社会を意義深いものにするため、「老い」に向けて準備しておくことが大切である。年を取ると会議資料を読むのもうんざりするようになり、目からも老化を感ずるようになる。これは水晶体の硬化と着色がもたらす調節力とコントラスト感度の低下によるものだ。眼科医いわく、桜の花、赤いバラ、若葉の緑も若いころ見えていた色とは違うという。水晶体の硬化と着色によるこの現象は、生物としては当然の変化である。考え方を変えれば、五感が鈍ればストレスも減り、死に対する恐怖さえも和らぐのかもしれない。

　眼の「病的老化」として知られている病気に、白内障、緑内障および「加齢黄斑変性」がある。「加齢」と名がつくように、原因の根底には「老化」があり、誰もが発症する可能性がある。眼底にある網膜の中心部分が壊れる病気で、視野の中心が見えなくなり、次第に見えない範囲が広がっていく。一度発症したら根治が困難な病気が加齢黄斑変性である。世界の患者数は 2 億人、わが国でも約 90 万人と推定され、50 歳以上の日本人の 63 人に 1 人が加齢黄斑変性に苦しんでいる。

第 13 章　植物乳酸菌で健康長寿社会の実現に挑む

　肥満は「万病の元」である。私が 10 年ほど前から掲げている研究課題は肥満の予防と改善に役立つ植物由来乳酸菌（植物乳酸菌）の探索分離である。その研究成果として、2022 年までに 1,200 株を超える植物乳酸菌を分離した。その保存菌株の中から肥満の抑制に有効な LP28 と名づけた乳酸菌を *Pediococcus pentosaceus* と同定した。つぎに、LP28 株の発酵液を高脂肪食に混ぜた餌を与えたマウス群と、「高脂肪食のみを与えたマウス群（プラセボ群）」の 2 群に分けて、乳酸菌摂取の影響を調査した。その結果、LP28 発酵物を摂餌させながら 8 週間飼育した後、試験食摂取群とプラセボ群でマウスの体重増加を比べたところ、LP28 株を摂食したマウスは非摂食マウスに比べ、体重増加と体内脂肪の蓄積が有意に抑制された。つぎに、臓器の遺伝子の発現変動を解析するため、LP28 株の摂食およびプラセボ群マウスから、それぞれ肝臓を摘出し、それぞれの肝臓組織のマーカー遺伝子の発現変動を DNA マイクロアレイ法で解析した。その結果、CD36 アンチジェン（antigen）、SCD1、PPAR-γ の 4 遺伝子の発現が変動した。つぎに、リアルタイム PCR という手法でこれら遺伝子を解析したところ、LP28 乳酸菌株の摂食により、いずれの遺伝子の発現も抑えられた。ちなみに、CD36 アンチジェンは肝臓への脂肪酸の取り込み、SCD1 は脂肪酸の合成、PPAR-γ はトリグリセリドの取り込みにそれぞれ関与している。

　最終的に、LP28 株を摂取することにより、脂肪酸合成と細胞への脂肪酸の取り込みが抑えられた結果、脂肪肝が改善されたと結論づけた。また、LP28 株の摂食群は非摂食群と比べて、脂肪肝組織中の脂肪滴がほとんど消失していた。これらの研究成果は米国の科学雑誌 PLoS ONE（2012, e30696）に発表した。

　つぎに、ヒト臨床試験で検証した。LP28 の発酵液粉末を被験者に 12 週間摂取してもらったところ、BMI と体脂肪率および腹囲が明らかに減少した。LP28 摂取群と非摂取群の体脂肪量の差は 1.2kg もあり、植物乳酸菌 LP28 株は肥満の予防改善に有効であると結論づけた。

　最近、腸内細菌叢と肥満指数「BMI」との関係が報告されている。これら

の研究では、特定の細菌群（ファーミキューテス門とバクテロイデス門）とBMIの関係が議論されてきたが、被験者数も多くなく、その見解は一貫していないようだ。一方、内臓脂肪面積は生活習慣病との関係が深いとされるメタボリックシンドロームの診断基準であり、BMIより生活習慣病との相関が高いことはわかっている。

　弘前大学、花王（株）および東京医科学研究所の研究チームは、BMIと腸内細菌における「ファーミキューテス」門と、「バクテロイデス」門との関係について結果に一貫性がないのは、男女の性差かもしれないとの仮説を立てた。そして、弘前大学COI（センター・オブ・イノベーション）における健診のビッグデータ（20-76才男女：n=1001）を用いて解析した結果、BMIと内臓脂肪面積ともに、ファーミキューテス門とバクテロイデス門の関係は男女で異なることがわかった（European congress of obesity, 2019）。さらに、腸内細菌科細菌と内臓脂肪面積との関係を詳細に解析しようと、分類学上の「門」でなく「属」のレベルで網羅的（305種）に分析した結果、男女差に関係なく、内臓脂肪面積が小さいヒトほど「ブラウティア属」細菌の占有率が高かった。ちなみに、腸管内の細菌叢は、おもにグラム陽性の*Firmicutes*門とグラム陰性の*Bacteroides*門のふたつで90％を占有している。これに*E.coli*などの*Proteobacteria*門、ビフィズス菌などの*Actinobacteria*門、*Akkermansia muciniphila*などが存在している。

　腸内細菌は、便宜的に、善玉菌、悪玉菌、および日和見菌の3グループに大別されている。

　「善玉菌」は、腸管の蠕動運動を調節し、免疫細胞を活性化する働きをしている。その代表が、ビフィズス菌、乳酸桿菌、アシドフィルス菌、フェカーリス菌である。善玉菌は、食物繊維やオリゴ糖を資化して、酢酸、プロピオン酸、酪酸といった「短鎖脂肪酸」をつくり、ビタミン類、葉酸、パントテン酸、ビオチンなどを産生する。酢酸は腸のバリア機能を増強するし、酪酸は粘膜物質であるムチンの分泌を促して大腸を保護する。プロピオン酸は肝臓癌の発生を抑制すると言われている。これらの単鎖脂肪酸はエネルギー源としても使われる。

　「悪玉菌」としては、病原性大腸菌、黄色ブドウ球菌、ウエルシュ菌、ベイヨネラ菌などである。悪玉菌は、脂肪、コレステロール、アミノ酸を餌にアンモニア、硫化水素、インドール、スカトール、アミンなどを産生する結果、便秘、免疫力低下、肌荒れ、発ガン性物質（リトコール酸、ニトロソア

ミン）を産生する。

　「日和見」細菌としては、バクテロイデス門に属する細菌や大腸菌が知られている。20世紀には腸内環境における善玉菌：悪玉菌：日和見菌の存在比率は、2：1：7が良いと、言われてきたが、その根拠は不明である。

　2000年以降になると腸内細菌の遺伝子解析がなされるようになり、単純に善玉菌・悪玉菌とは分類できないという考えに変わってきた。例えば、「クロストリジウム・ディフィシル」という腸内細菌は大腸炎の起因菌であり、院内感染を起こす「悪玉菌」とされてきたが、最近はクロストリジウム属が酪酸を産生する「善玉菌」だという研究が報告されている。

細胞外多糖の機能

　乳酸菌のなかには細胞外に多糖体を分泌するものがいる。この物質をEPS（細胞外多糖体：exopolysaccharide）と呼び、当該微生物の細胞を外的ストレスから保護するため、あるいは腸管などに接着するための因子として機能しているかもしれないと考えられてきた。

　EPSの化学構造は非常に変化に富んでいるが、高分子を構成する繰り返し単位によって、ホモ多糖体（homo-polysaccharide）とヘテロ多糖体（hetero-polysaccharide）に大別される。ヘテロ多糖体は2種類以上の糖を構成成分としている。しかも、EPSには「中性多糖」や、リン酸基、カルボキシル基、ピルビン酸基（pyruvate residue）などが付加した「酸性多糖」も存在している。微生物の視点で考えると、EPSは自己の細胞を乾燥や、免疫細胞の貪食から防御するためにつくるという可能性も否定できない。

　先に示した「脂肪肝の改善」に役立つ植物乳酸菌 *Pediococcu pentosaceus* LP28 も EPS を分泌する。そのほか、チーズ造りに汎用される動物由来乳酸菌ラクトコッカス・ラクティス 亜種クレモリス（*Lactococcus lactis subsp. cremoris*）も EPS を分泌する。ただし、すべての乳酸菌が EPS を分泌するとは限らない。

　ラクティス菌の EPS は、乳に含まれるタンパク質と相互作用して、発酵乳の粘性と風味を向上させ、まろやかな舌触りにする。さらに、私の研究室では、培養細胞系を用いて、梨から分離した *Lb. plantarum* SN35N の分泌する EPS が、培養細胞系で、A型インフルエンザウイルスとノロウイルスの感染をほぼ100%阻害することを発見した。SN35N 株の産生する EPS は、単糖の構成比がグース：ガラクトース：マンノース＝ 15：5.7：1 であり、

酸性基はリン酸基である（Biol Pharma. Bull. 2021, 44, 1886-1890）。

　このところ、炎症と免疫との関係が注目されていることから、免疫システムについて以下に解説する。

　身体が何かの有害な刺激を受けると、これを取り除こうとして防御する反応が起こる。その反応場所は熱を持ち、腫れや痛みを感じる。これを「炎症」と呼び、具体的には「肺炎」や「皮膚炎」などと言った病名がつく。肺炎は肺に侵入した細菌やウイルスに抵抗するために炎症が起きる。換言すれば、病原体を排除するために、身体は炎症を伴った免疫応答を行うのである。

　免疫システムにおける司令塔はヘルパー T 細胞（CD4 陽性 T 細胞ともいう）である。T 細胞の T は 胸腺 thymus に由来する T をとって T 細胞と命名された。

　胸腺で生まれたヘルパー T 細胞は血流に乗って身体を循環し、侵入してきた病原体の種類に応じて、Th1 あるいは Th2 のいずれかの T 細胞に分化し、特異的免疫応答を行う。具体的には、Th1 細胞は「細胞性免疫」に関与し、「液性免疫」には Th2 細胞が関与した応答をする。

　関節リウマチや多発性硬化症といった自己免疫疾患には、最近発見された Th17 細胞が中心的な役割を果たしていることがわかってきた。そこで、自己免疫疾患の治療薬を開発するため、Th17 細胞をターゲットとした研究が進んでいる。私の研究グループでは、植物乳酸菌の産生する EPS が自己免疫疾患の治療薬に役立つことを動物実験で確認している（Microorganisms 2021, 9, 2243）。

植物乳酸菌による肝機能改善

　飲酒、喫煙、暴食、過剰なストレスなどが原因で肝機能異常と診断されるヒトは日本の成人の 3 割にものぼる。そのような人は、 γ-GTP、ALT、AST などの肝機能マーカーが正常値よりも明らかに高い。肝臓は私たちが摂取した物質、例えば、アルコールや薬剤、それに「代謝」で生じた物質を毒性の低い物質に変えて、尿や胆汁中に排泄するという解毒作用を担っている。ちなみに、栄養素を身体が利用し易いように、分解あるいは合成する働きを「代謝」と呼び、肝臓の機能が低下すると代謝活動が低下してしまうので、栄養素を必要なエネルギーや物質に変えることができなくなる。これが代謝異常症であるが、肝機能が異常でもほとんど自覚症状がないことから、しばらく

放置しておくと、最悪の場合には重篤な状態に陥ってしまうことがある。

　肝臓のなかで常に分泌されている「胆汁」は、脂肪の乳化とタンパク質の分解を担っている。この働きで脂肪は腸から吸収されやすくなる。また、胆汁はコレステロールを体外に排出する際にも必要だ。胆汁には「胆汁酸」、「ビリルビン」、「コレステロール」などが含まれている。

　肝臓に障害が起こり、胆汁の流れが悪くなると、血液中にビリルビンが増え、眼球の白い部分や皮膚が黄色に変色する、いわゆる「黄疸（おうだん）」症状が現われる。肝臓は人体における代謝の中心臓器であり、肝機能の状態、特に中性脂肪が肝臓内に多く蓄積する「脂肪肝」の進行度がメタボリック症候群や生活習慣病を左右すると言っても過言ではない。

　著者の研究グループは、γ-GTP 値を低下させるのに有効な、バナナの葉由来の乳酸菌 *Lb. plantarum* SN13T の取得に成功した。すでに、植物乳酸菌 SN13T 株を使ったペット用サプリメントが商品化されている。

　Tea time　生きた植物乳酸菌にアルコール中毒症状を回復する効果を発見

　適量のお酒は生活に潤いを与えるが、過度な飲酒は、高血圧、脂質代謝異常症、糖尿病などの生活習慣病のリスク因子となる。アルコールによる臓器傷害は肝臓のみではなく、ほかの消化器、心臓、血管などにも悪影響を及ぼす。そこで、私の研究プロジェクトでは、未病（病気の一歩手前の健康状態）の改善と予防医療に有効な「プロバイオティクス」に関する研究を目指した。具体的には、以前、「ヒト臨床試験」を通じて、SN13T 株を用いて製造されたヨーグルトの経口摂取が肝機能の指標となる γ-GTP 値を有意に低下させることを見出していた。そこで、① アルコール摂取により、腸内細菌叢の破綻（dysbiosis）が起きるか、② 胃酸や胆汁酸に対する耐性が極めて高い植物乳酸菌 SN13T の生菌をマウスにアルコールと同時摂取させると、アルコールによる腸内細菌叢の破綻（ディスバイオシス）が改善するか否かを調べることにした。その結果、エタノール（エチルアルコール）を含む食餌のマウスでは、エタノールを含まない食餌をしたマウスと比べると、明らかに血中の AST および ALT 値が上昇したが、SN13T の生菌とエタノールを同時摂取させることにより、それら肝機能数値の上昇は抑えられた。さらに、エタノール摂取群では腸内細菌叢の破綻が起きて、腸の炎症に関与する細菌が増加するとともに、腸粘膜保護に寄与する腸内細菌が減少していた。それに加えて、マウスの盲腸内容物を解析した結果、エタノール摂

取群では体組織の腐敗時に生成されるカダベリンやチラミンなどのアミンが増加し、イソ酪酸の生成も認められた。腸内細菌叢の変動とこれら腐敗物質の増加は、エタノールと SN13T 生菌を同時摂取させた場合には抑えられた。このように、エタノールの過剰摂取は腸内細菌叢を変化させ、かつ、炎症および腐敗物質の産生を高めるとともに、腸粘膜保護に寄与する腸内細菌を減少させることが判明した。これらの実験結果から、摂取した SN13T 生菌体は、直接的に、あるいは腸内細菌とコラボレーションすることにより、腸内細菌叢のディスバイオシスを抑えるものと考えられた。結論として、アルコール中毒症状を起こしたモデルマウスに植物乳酸菌 *Lactobaacillus plantarum* SN13T の生菌を食べさせると、アルコール中毒症状が改善されたが、この作用は生菌に限っており、死菌ではまったく改善しなかった（Int. J. Mol. Sci. 21 1896-1913, 2022）。これがまさに植物乳酸菌のプロバイオティック効果である。

　最近は、保健機能性を備えた食品でありながら、錠剤やカプセル化したものがあり、見た目は薬剤に似た「乳酸菌サプリメント」が登場している。乳酸菌を製剤にする理由の一つは、摂取する乳酸菌には優れた保健機能性があるものの、乳酸菌を生きたままで腸まで届けることは難しく、たとえ腸に到達しても腸管内に定着しないからである。腸への届きやすさや定着のしやすさなど、「プロバイオティクス」としてのクオリティを兼ね備えた乳酸菌はほとんど存在しない。

　プロバイオティクス製品であることを訴求するならば、生きたまま腸管に届くことが必要である。たとえば、耐酸性カプセルに乳酸菌を入れて保護すれば、胃酸や胆汁酸に曝されても、生きて腸まで届けることができるという発想だ。その点、私の研究室で分離した植物乳酸菌 *Lactobacillus plantarum* SN13T は胃酸と胆汁酸に高い耐性を示すことから、カプセルに詰める必要はなく、生きたまま胃を通過して腸まで届くというメリットがある。

ナチュラルキラー（NK）細胞を活性化する微生物
　病原ウイルスが体内に侵入すると、まずマクロファージが現場に駆けつけてウイルスの情報を集める。マクロファージは、そのウイルスの情報を免疫の"司令官"である T 細胞（胸腺の英語 thymus の T）に伝える。情報を受け取った T 細胞は、「殺し屋」のキラー T 細胞にウイルスに感染した細胞を探して破壊するように命ずる。次に、T 細胞は B 細胞に抗体を作るように命

ずる。B細胞（骨髄 bone marrow 由来の意味で名づけられた）は、そのウイルスに対抗する大量の抗体をつくり、この抗体が補体（生体に侵入した病原微生物などの抗原を排除するための免疫反応を媒介するタンパク質の総称）と協力して、ウイルスに感染した細胞を破壊する。このように免疫を担当する細胞が協力して、ウイルスに感染した細胞を攻撃し、やがて風邪が治る。細菌の場合は、ウイルスとは異なり、細菌そのものが異物と認識され、攻撃される。このように、人間に備わった免疫システムは、ナチュラルキラー（NK）細胞による「自然免疫」と、T細胞およびB細胞による「獲得免疫」の連携で成り立っている。前者はマクロファージや好中球などの貪食細胞を中心とした生体防御の機構である。細菌の細胞壁を構成するペプチドグリカンやリポ多糖による免疫賦活作用が知られている。

　最近、乳酸菌の分泌する酸性多糖がNK細胞を活性化する例が報告された。NK細胞はウイルス感染細胞やがん細胞に結合して死滅させる役割を担っている。がん細胞は健常人でも毎日 3,000 - 6,000 個が体内で発生していると推定され、NK細胞ががん細胞を見つけて攻撃する。ちなみに、がん患者の

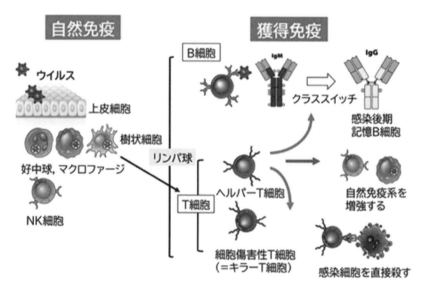

図25　自然免疫と獲得免疫　出典：EMB　Library 特設サイト
慶應義塾大学医学部微生物学免疫学教室吉村昭彦教授の解説文より抜粋

NK 活性は健常人と比べ低いことから、NK 細胞を高活性化培養したものを点滴で体内に戻す治療法が行われている。

　健常人が持っている NK 細胞数は約 1 億個なので、4 億〜 5 億になれば治療効果は期待できる。実際には、20 mL を採血し、免疫細胞を増殖させて活性化する。20 mL の血液からは NK 細胞を増やすのが難しいため、T 細胞も一緒に増やすことで NK 細胞を含む免疫細胞の総数を最大限確保する。活性化して抗癌効果を高めた、T 細胞、B 細胞、NK 細胞などの「リンパ球」をできるだけ大量に培養したうえで、生理食塩水とともに患者の体内に点滴で戻す。乳酸菌の産生する多糖体の幾つかは NK 細胞の活性化に役立つことから、がん治療に応用できれば素晴らしいことである。

植物乳酸菌と生薬のコラボレーション

　薬剤師にとってはバイブルの「日本薬局方」は、厚生労働大臣によって公示される文書で、医薬品の品質・純度・強度の基準が定められているほか、各医薬品の有効性を問う試験法や判定方法までが収載されている。日本薬局方における「生薬」とは、「動植物の薬用とする部分、細胞内容物、分泌物、抽出物または鉱物」と定義されている。換言すれば、通常の医薬品と違って薬効成分を単一物質まで精製せずに用いる「薬」だ。

　1-3 世紀に中国で編纂された最古の薬物学書「神農本草経」には、365 種類の生薬が収載されている。植物薬が 252 種、動物薬が 67 種、鉱物薬が 46 種である。本書によると、神農は自ら毒味して薬効と安全性を確認した。幾つかの生薬を組み合わせたものが「漢方薬」であり、漢方医学は 5-6 世紀ごろに中国医学に基づいて日本で発展した伝統的薬物療法である。歴史的にも、漢方薬は、人体への投与により有効性と安全性が評価されてきた、品質の高い薬剤である。

　生薬や天然物の薬効成分を特定すべく、科学者はこれまで努力に努力を積み重ねてきた。その成果として、ケシからはモルヒネが単離され、タバコからはニコチン、コーヒーからカフェインなど、生薬をはじめとする薬用植物から生物活性物質が単離され、化学構造も明らかにされた。このように、生薬や薬用植物は創薬の出発点となる創薬標的(リード化合物)の供給源になっている。だが、基となる薬用植物の活性物質の含有量はきわめて少ないことが医薬品開発のネックとなっている。

　生薬に含まれる生物活性物質の多くは植物の二次代謝物であり、植物の細

胞に「配糖体」として保存されていることが多い。配糖体は疎水性が低いため、アグリコン（糖以外の成分）よりも生物学的利用率（薬学分野でバイオアベイラビリティと言う）が悪く、結果として、弱い生物活性しか示さないことが多い。すなわち、植物二次代謝物が、その生物活性を最大限に示すためには、生物活性を持つアグリコンへの変換が不可欠である。

　一方、動物細胞などを用いて薬効を示す生薬が試験管レベルでは期待する結果が得られないことも多い。便秘薬として使われる「大黄（ダイオウ）」に含まれている「センノシド」は分子が大きいので、消化管上部では吸収されないまま消化管下部に運ばれる。そしてセンノシドは大腸のぜん動運動を促すことによって、自然に近い便通に改善する働きがある。ビフィズス菌のある菌株はセンノシドを加水分解する β- グルコシダーゼを保有している。分子量の大きいセンノシドは他の腸内細菌の持つ β- グルコシダーゼでは加水分解されず、このビフィズス菌の持つ β- グルコシダーゼによってアグリコンが生成する。すなわち、配糖体の加水分解過程では β- グルコシダーゼの基質認識が重要である。大豆に含まれるフラボノイドの仲間「ダイゼイン（Daidzein）」は、腸内細菌により、「エクオール（Equol）」と呼ばれる生物活性の高い化合物へと変換される。エクオールは女性ホルモンの「エストロゲン」に似た働きをする。

Tea time　「エストロゲン」と「ダイゼイン」

　女性の閉経は 50 歳前後であり、閉経後の生活の質(QOL)が重要になってくる。すなわち、女性ホルモンの減少による心身の不調を持つ女性の QOL（生活の質）をいかに高めるかが課題となってくる。

　更年期に入ると卵巣の働きが徐々に衰えるため、卵巣から分泌される「エストロゲン」の量が低下する。その女性ホルモンに化学構造が似た「エクオール」は、大豆イソフラボンに含まれる「ダイゼイン」が腸内細菌によって代謝され、新たに生成する物質である。エクオールを腸内細菌で変換できるヒトは欧米では 20-30％しかおらず、日本ではそれより少し高いが 50％ で、国内の半分のヒトは変換できない腸内細菌叢となっている。そこで、ある製薬企業はダイゼインをエクオールに変換できる乳酸菌を探索した。そして、更年期の女性のためのサプリメントとして商品化している。

　纏めると、農産物、生薬、薬用植物などに含まれる薬効成分は「活性物質の本体」ではなく、プロドラッグ（薬の一歩手前）の状態で存在することがほとんどである。すなわち、腸内細菌科細菌により変換された二次代謝産物が生薬の薬理活性の本体である可能性が高い。

　Tea time　ファイトケミカルの利活用

　ヒトの健康に良い影響を与える植物由来化合物（ファイトケミカル）が注目されている。ファイトケミカルのうち、グルコースなどの糖が結合している形のものを「配糖体」、また、配糖体から糖が外れたものを「アグリコン」と呼ぶ。配糖体が体内に吸収されるためには、一般的に配糖体からアグリコンに変換されることが重要だ。代表的なファイトケミカルである「イソフラボン」は、大豆に多く含まれており、骨粗しょう症や乳癌の予防効果があるといわれているが、大豆中のイソフラボンはほとんどが配糖体として存在しており、体内には吸収されない。腸内細菌などの働きによって糖が外れ、アグリコン型のイソフラボンに変換されると、体内に吸収され機能を発揮する。したがって、β-グルコシダーゼを持つ微生物を利用した生薬の発酵技術の開発は、生物活性化合物をその前駆体から変換するための有用な方法である。

　私の研究プロジェクトでは、生薬エキスを培地として用いたところ、植物乳酸菌 Lb. plantarum SN13T は活発に増殖できるが、動物由来乳酸菌は増殖できないことを見出した。生薬エキス（煎じ薬）中には、植物成分であるセロビオース（グルコース 2 分子が β-1,4 結合したもの）や植物二次代謝物（β-グルコシド）などが主成分として含まれており、植物乳酸菌は自身の産生する β-グルコシダーゼにより、それらを加水分解して得た糖を利用して生育するものと考えられる。したがって、植物乳酸菌を生薬抽出液中で培養するとアグリコンが生ずる。

セレンディピィティによる植物乳酸菌の多様性の発見
　セレンディピティ（serendipity）とは、予想とは別の事象や素敵な偶然に出会うことである。すなわち、何かを探しているときに、探しているものとは別の価値があるものを偶然見つけることなどの意味がある。

かつて、広島県廿日市市にある酒造会社の役員が筆者の研究室にやってきて、「醸造産業が衰退していく可能性を考えると、酒粕の保健機能性が見つかれば、新事業につながるのです」と迫力をもって言われた。意気を感じた著者は酒粕の保健機能性を調べることにした。

　酒づくりの技術者である杜氏の手の皮膚はスベスベで白いとの役員の発言が研究の進め方を決めた。そして、酒粕中にメラニン色素の発現を抑える物質を見つけ、本体の化学構造を決定した。酒粕の研究を請け負ったことが、「乳中では植物乳酸菌は増殖できないが、乳に酒粕を少量添加するだけで、植物乳酸菌が爆発的に増殖するのでヨーグルトができる」ことを見つけたのだった。これが「セレンディピティ」だと感じた。

　と言うのは、広島県が主催した「機能開発研究会」で酒粕の機能性に関する講演を頼まれた。その研究会で地元の乳業会社の若い社員から、私の会社でできそうなことがありますか？」と質問された。とっさに「酒粕の機能性を有するヨーグルトをつくったらどうでしょうか」と言った。このようにして知り合った醸造企業と乳業企業の人たちとの縁で、植物乳酸菌を用いた新規ヨーグルトの製造法に関する特許を取得することができた。なぜなら、植物乳酸菌は牛乳を発酵させないのが乳業界では常識だと社員は言っていたからである。それが、機能性ヨーグルトをつくるべく酒粕を微量添加した結果、植物乳酸菌が牛乳中で勢いよく増殖し、ヨーグルトができた。常識を打ち破った瞬間であった。ただし、酒粕独特の香りがヨーグルトの風味に影響を与えるので、その香りを敏感に感ずるヒトもいるものと想定し、その後、酒粕に変わる「乳酸菌増殖促進剤」の探索を進めていった。そして、酒粕の代わりにパイナップル果汁も乳酸菌の増殖促進剤となることを発見し、新たなヨーグルト製造法として新規の特許を取得した。パイナップル果汁を用いたセレンディピティヨーグルト「LP28」は上品な香りがすると消費者にとても好評だ。

Tea time セレンディピティ〜恋人たちのニューヨーク〜

　2001年に公開、発売された米国の映画に『セレンディピティ〜恋人たちのニューヨーク』というものがある。

　あらすじは以下の通りである：テレビプロデューサーのジョナサンはクリスマス前のニューヨークのデパートで、心理士のサラと残り1つとなった商品（手

袋）に同時に手を触れてしまった。二人は譲り合ううちに魅力を感じたのか、『セレンディピティ 3』という名のカフェでお茶をした。店を出て別れた二人だったが、しばらくして偶然にも再会を果たした。

　最初は単なる偶然だったかもしれない、でもそれをチャンスにできるかどうかは自分次第。この DVD を観たあと私は明るく優しい気持ちになれた。

GABA を高生産する植物乳酸菌

　市場に出回っている野菜ジュースのパッケージを眺めていたら、「本品には GABA が含まれます。GABA には血圧が高めの方の血圧を下げる機能があることが報告されています」と表示されていた。

　GABA（γ-アミノ酪酸）は、脳内で抑制性の神経伝達物質として働く。私の研究グループでは、人参の葉から分離した植物乳酸菌のなかに GABA を高生産する菌株を見出した。GABA を生成する乳酸菌の保有する「グルタミン酸脱炭酸酵素」の働きでグルタミン酸が脱炭酸されて、GABA になる。

　医学的には、脳内のグルタミン酸量が多くなると、神経が興奮状態となり、身体に悪影響を及ぼす。そのひとつが血圧上昇である。GABA はグルタミン酸の上昇を抑えるブレーキ役として機能する。すなわち、神経の興奮を抑える働きをもつ GABA は血圧降下作用と精神安定作用のほか、糖尿病症状の抑制作用や抗利尿作用がある。近年、GABA のニーズが高まるにつれ、GABA を高生産する微生物の探索や GABA の高生産技術開発が行われている。これまで、GABA の生産はさまざまな微生物において報告されているが、未だ GABA の生産性は低いレベルにあり、製造コストが高いことが問題であった。筆者の研究グループは、家庭菜園の人参の葉からエンテロコッカス・アビウム（*Enterococcus avium*）G-15 を分離した。その菌株は培養液中に GABA を大量分泌することを発見し、今や G-15 株のつくる GABA は食品工業分野で活用されている。

　ところで、乳酸菌は何ゆえ GABA をつくるのであろうか。その答えは、細胞内が酸に対するストレスを受けたとき、すなわち、細胞内が酸性に傾いたとき、細胞内の pH を一定に保つためだと考えられている。G-15 株を好気的に培養すると GABA 生成が阻害される。これは酸素により菌体内に生じた H+ が消費されるため、GABA をつくる必要がなくなるからである。

感染症治療に役立つバクテリオシン

　細菌が原因の食中毒は食中毒件数の 70-90％を占めている。原因菌としては、サルモネラ菌、腸管出血性大腸菌 O157 株、赤痢菌、チフス菌などが知られている。

　大腸菌 O157 株に関連して、平成 28 年 8 月末に老人ホームで食事として提供された「胡瓜のゆかり和え」を食べたことにより、84 名が腸管出血性大腸菌による食中毒を発症し、6 名が死亡した。この大腸菌はベロ毒素のShiga toxin 1 と 2 を産生する菌株である。調査の結果、「胡瓜のゆかり和え」からも腸管出血性大腸菌が検出されたことから、野菜に付着していた細菌が原因だと結論された。

　ベロ毒素をつくる病原性大腸菌に感染すると、激しい腹痛、水様性の下痢、血便を伴う。とくに、小児や老人に感染した場合には溶血性尿毒症や痙攣、意識障害にいたる脳症を引き起こすこともある。

　細菌感染症の治療には抗生物質が使われるが、細菌に対し抗菌活作用を発揮するタンパク質やポリペプチドも存在する。これを「バクテリオシン」と呼び、乳酸菌がつくることが見出されている。バクテリオシンの研究は、1925 年に Gratia らが大腸菌から同種の菌に対して抑制効果がある物質（後にコリシンと命名された）を発見したことが始まりである。

　これまでに、さまざまな細菌がバクテリオシンを生産することが報告されているが、乳酸菌 Lactococcus lactis が産生するバクテリオシンである「ナイシン A」のみが GRAS（Generally Recognized As Safe）の認定を受け（1988 年）、日本を含む世界 50 ヶ国以上で食品添加物として使用されている。ちなみに、GRAS とは、米国食品医薬品局（FDA）が食品添加物に与える安全基準合格証のことである。

　一般に、バクテリオシンの抗菌スペクトルは狭く、同属の細菌にのみ有効であることが多いので、抗菌スペクトルの広い「抗生物質」とは区別されている。ただし、抗生物質と同様、バクテリオシンの作用機構はさまざまであり、「ナイシン A」は、感受性細菌の細胞膜に穴を開けて死滅させるが、大腸菌がつくる「コリシン（colicin）」は細菌のタンパク質合成を阻害して死滅させる。バクテリオシンは、通常のタンパク質と同様にリボソーム上で合成される。ナイシン A を始めとするバクテリオシンはすべての乳酸菌がつくれるものではないので、ヨーグルトに必ず含まれているとは限らない。

　乳酸菌のつくるバクテリオシンが注目されている。というのは、乳酸菌の産生するバクテリオシンは、その生産菌と近縁な乳酸菌に対してのみ抗菌作用を発揮するのがほとんどだが、病原細菌に有効なバクテリオシンも発見されたからである。

　私の研究グループが分離した植物乳酸菌株のなかに、バクテリオシン生産株がいくつか見つかっている。キムチから分離された *Lb. brevis* 925A がバクテリオシンを産生することを見出した。このバクテリオシンは、2種類のポリペプチドから構成されることが判明した。さらに、このバクテリオシンをつくる遺伝子群は、925A 株の保有する 64 kb のプラスミド上にあることを明らかにした。興味深いことに、この生合成遺伝子群は、伊予柑から分離した *Lb. brevis* 174A が保有するプラスミド上に存在するものと塩基配列が100% 一致した。このように、自然界ではプラスミドを介してバクテリオシン生合成遺伝子が伝播された可能性がある。ブレビシン 174A を構成する2種類の抗菌ポリペプチドは、それぞれ単独でも抗菌活性を示すが、両者を混合すると、その抗菌活性は、数十〜数百倍まで増強される。さらに、腐敗細菌として知られるバチルス・コアグランス（*Bacillus coagulans*）、リステリア・モノサイトゲネス（*Listeria monocytogenes*）、黄色ブドウ球菌、虫歯の原因菌ストレプトコッカス・ミュータンス（*Streptococcus mutans*）などに抗菌性を示す。

　さらに、ケイトウ（花）から分離されたエンテロコッカス・ムンディティ（*Enterococcus mundtii*）SE17-1 と、籾殻から分離された E. ムンディティ MG3 の産生するバクテリオシンが、L. モノサイトゲネスや虫歯の原因菌の1つであるストレプトコッカス・ソブリナス（*Streptococcus sobrinus*）に対して抗菌活性を示すことが見いだされた。さらに、著者らは、壬生菜（みぶな）からも、バクテリオシンを産生する乳酸菌 15-1A 株を分離し、これも E. ムンディティ と同定した。

　私は医療分野へのバクテリオシンの活用に夢を描いている。その理由として、長期間の抗生物質汎用により、メチシリン耐性黄色ブドウ球菌やバンコマイシン耐性腸球菌などの多剤耐性細菌が出現し、今や抗生物質による感染症治療は行き詰まっているのが現状である。ただし、安易にバクテリオシンを使用すると、これまで抗生物質が歩んできた「新抗生物質が開発されても、直ちに薬剤耐性菌が出現し、更なる新薬の開発が必要となる」といった歴史を繰り返すことになる。医療現場でバクテリオシンが使われるようになって

も、その乱用を避けることは当然ながら、抗生物質と併用することで耐性菌出現リスクを抑えることも必要になるであろう。

　乳酸菌がつくる抗菌物質といえば、*Lb. reuteri* のつくるロイテリンもそうだ。この乳酸菌はグリセロールを基質として、3-ヒドロキシプロピオンアルデヒド（3-HPA）をつくる。3-HPA を「ロイテリン」と呼び、グラム陽性細菌、グラム陰性細菌、酵母、糸状菌、原生動物およびウイルスに至るまでの幅広い抗菌力をもっている。その阻害メカニズムは微生物の保有するリボヌクレオチドリ還元酵素の阻害である。ロイテリンは米国ノースカロライナ州立大学の研究グループによって 1988 年に報告された。さらに、サイレージから分離された *Lb. plantarum* MiLAB393 が植物病原菌フザリウムやアスペルギルス・フミガタスに対して抗菌力をもつ物質をつくることが報告されている。

アトピー性皮膚炎とその予防策

　アトピー性皮膚炎は、かゆみを伴う湿疹（しっしん）が全身に、あるいは部分的に生ずるアレルギー疾患だ。接触性皮膚炎は「かぶれ」とも呼ばれ、皮膚に何らかの物質が触れ、それが刺激となってアレルギー反応として炎症を起こしたものだ。湿疹や赤み、かゆみ、水ぶくれや腫れなどの症状を伴う。基本的には原因物質が触れた部分に症状が現れる。イチジクの葉から分離したラクトバチルス・パラカゼイ（*Lb. paracasei*）IJH-SONE68 株の産生するEPS が接触性皮膚炎に有効であることを以下のようにして明らかにした。

　化学物質の塩化ピクリルを予め耳に塗って、その物質をマウスに抗原として記憶させた。2 週間後、マウス右耳介の厚さを予めノギスによって測定しておき、その後、右耳介の裏表にその物質を塗布し、アレルギー反応を惹起させた。このようにしてマウスに接触性皮膚炎を起こさせ、EPS による皮膚炎の抑制作用を評価した。その結果、IJH-SONE68 株によって産生される EPS の反復経口投与によって、塩化ピク

写真 26 *Lb. paracasei* IJH-SONE68 と EPS

リルにより誘導される接触性皮膚炎が予防、改善できることが示された。
特にその効果は中性 EPS より酸性 EPS で高い可能性が高かった。また、マ
ウスより炎症がおきた右耳介組織における炎症性サイトカイン（IFN-γ、
IL-4、IL-5、IL-13）の発現量を比較した。4 つの炎症性サイトカインのうち、
IL-4 の転写が炎症惹起によって有意に上昇し EPS 各摂取群においては, 有意
な低下（D 群および E 群）が認められた。以上の結果、IJH-SONE68 株によっ
て産生される EPS の反復経口投与によって、ピクリルクロライドにより誘
導される接触性皮膚炎モデルマウスにおける炎症性サイトカイン IL-4 の発
現ならびに血清 IgE レベルの上昇が抑えられることが示された。最近の研究
の進歩により、炎症性腸疾患の炎症は腸内細菌によって引き起こされると考
えられるようになってきた。

Tea time　腸内細菌叢のメタゲノム解析

　メタゲノム解析は、環境サンプル（糞便や土壌など）から直接回収したゲノ
ム DNA を扱う新しい研究分野である。従来、微生物のゲノム解析では単一菌種
の分離・培養過程を経てゲノム DNA を調製していたが、メタゲノム解析では微
生物の分離や培養のプロセスを経ずに、微生物集団から直接ゲノム DNA を調製
し、混合ゲノム DNA の塩基配列をそのまま決定する。その結果、従来法では培
養できなかった微生物のゲノム情報も入手できるようになった。地球上に生息
する微生物のほとんどは単独では培養できないと推察されているが、メタゲノ
ム解析法を用いれば、自然環境にいる未知の微生物および未知遺伝子を解明で
きるものと期待されている。

　東京大学の服部正平教授（その後、早稲田大学と理化学研究所）の研究グルー
プは、メタゲノム解析によって、健康な日本人の腸内細菌叢のゲノム DNA を抽
出し、そのゲノム解析を行った。その結果、① 離乳前乳児と離乳後（成人も含む）
の間で遺伝子及び菌種組成が著しく変化すること、② 成人及び離乳後幼児の腸
内細菌遺伝子と自然環境にいる細菌遺伝子との比較から、腸内フローラに特徴
的な遺伝子群を見いだした。そして、離乳前乳児では、多糖類を分解する遺伝
子よりも、母乳等に多く含まれる低分子の糖類やビタミン等を取り込む遺伝子
群が有意に増えていた。また、③ すべての腸内フローラには、接合型トランス
ポゾン（動く遺伝子）に関連した遺伝子群が特徴的に増幅していた。このこと
は、例えば、抗生物質耐性遺伝子をもった細菌が腸内に侵入すると、トランス

ポゾンを介して抗生物質耐性遺伝子の別の細菌への伝播が腸管内で起こる可能性があることを示唆する。さらに、④夫婦間や親子間の腸内フローラは必ずしも似ていない。⑤腸内細菌叢の約 80% の細菌種がいまだ未解析であることが示唆された。K. Kurokawa et al.: Comparative Metagenomics Revealed Commonly Enriched Gene Sets in Human Gut Microbiomes. DNA Research, 14(4):169-81 (2007).

植物乳酸菌を用いた生活習慣病の予防と改善

　乳酸菌とビフィズス菌は分類学的には異なるが、これらの菌体摂取により、整腸作用が認められることは多くの研究報告からも明らかで、日本では乳酸菌やビフィズス菌製剤が医薬品として薬価収載されている。また、ヒト臨床試験による科学的エビデンスを得て、特定保健用食品（トクホ）として認定されたヨーグルトも市場に出回っているし、最近は機能性表示食品として認定された「乳酸菌サプリメント」も登場した。

　植物乳酸菌は動物乳酸菌と比べ、胃酸および胆汁に対する高い耐性を示すことから、生きたまま腸管内へ到達する割合がきわめて高く、優れた整腸作用が期待できる。著者の研究グループは、植物乳酸菌ヨーグルトの整腸作用を評価すべく、被験者ボランティアを募り、広島大学病院でヒト臨床試験を実施した。この試験では、A、B、C と命名した 3 種類のヨーグルトを用意し、二重盲検法による無作為化対照比較試験として実施した。被験者 68 名の健康診断と 2 週間の前観察期間を経て、各グループに該当するヨーグルトを、1 日 100 g ずつ 6 週間摂取してもらい、血液の生化学パラメータおよび排便回数について評価試験を実施した。その結果、ヨーグルト摂取開始前には、1 週間の排便回数が 5 回以下であった被験者 30 名を抽出し、各種ヨーグルトの摂取効果を検証したところ、植物乳酸菌ヨーグルト A および B を摂取した群では、それぞれ、排便回数が 1.5 倍および 1.8 倍に増加した。一方、動物乳酸菌ヨーグルト C の摂取群では横ばいであった。また、肝機能を示す数値がやや高い被験者ボランティア（18 名）を抽出し、彼らの血液の生化学的パラメータを解析したところ、ヨーグルト B の摂取群においては、試験開始直前と比べ γ-GTP の値が約 25% 低下していた。2010 年、米国の国際学術雑誌 Nutrition に発表したこの臨床試験論文は、特定乳酸菌で製造されたヨーグルトの摂取により、肝機能数値の改善効果が認められることを

明らかにした初めての報告であった。嬉しいことに、本論文に対し米国の第
14 回 John M. Kinney Award が授与された。

あとがき

　新型コロナウイルス感染症が世界中の人々の心に不安と重圧をかけてきた結果、日常生活も変化した。しかし、時が経つと、ストレスではなく、逆にそれを自己変革のチャンスと捉えるヒトも現れた。平時に変革していくには時間がかかるが、危機や困難さは変化を加速させ、その変化を容認し易くすることにもなる。私の場合にも、会議は関係者が集合して対面で行うのが常だったが、最近はインターネットを使った会議に習熟するまでになった。これは驚くべきスピードであり、「習うよりも慣れろ」とは良く言ったものだ。新型コロナウイルス感染症（COVID-19 と略す）が収束できたとしても、今後の学術集会や国際会議が元の形式にすべて戻ることはないだろう。しかし、対面形式で相手と話すことをやめてはいけない。参加者同士で意思疎通がしやすいし、相手の表情だけでなく、雰囲気もわかり、よりコミュニケーションが取りやすくなるからである。

　COVID-19 が瞬く間に世界中に広がっていったのは、航空機によってヒトの移動が容易になったことも一因だ。ただし、このパンデミック感染症の影響を受けて、私自身、研究に注力する時間が以前より減ったのは確かであり、マスクをしての会話は息苦しく聞き取りにくいので、正直つらい。

　広島大学病院では、「新型コロナウイルスの感染経路の遮断と拡散防止との観点から、緊急やむを得ない場合を除き家族でさえも面会禁止」を求めてきた。これは入院患者さんにとって、家族でさえ「まったく会えない」状況をつくり、精神的につらい境遇を与えてしまっている。患者さんによっては、「なんで家族が会いに来てくれないの？」と、内心心細く思うヒトもいる。そうしたなか、院内での医師や看護師の寄り添う声掛けが患者さんに元気を与えてくれるし、ストレスを払拭してくれている。家族との面会ができなくなってからは、オンラインシステムや SNS を通じて、家族との会話を楽しめるようになってきた。しかし、病院の努力だけではどうにも解決できない課題を抱えていることが私なりに理解できたのは、私自身がこの時期に大学病院に入院したからである。

　2021 年 1 月 8 日はかなり寒い日であった。教授室で教員スタッフと打ち

合わせしているとき、突然、言語がしどろもどろになって倒れてしまった。後でわかったことだが、脳出血もしくは脳梗塞を疑われ、大学病院の「救命救急センター」に運ばれた。脳の血管が破れて流れ出た血液が脳神経を圧迫し、手足の軽い麻痺と言語障害を引き起こしたのだった。

　脳のどの場所にどれだけの血液量が流失したかによって症状は異なる。私の場合には 10mL ほどの血液が流れ出たと、あとで脳神経内科の担当医から聞いた。

　脳出血を起こす原因としては高血圧が最も多いが、脳腫瘍や脳血管の異常などが原因のこともある。普段から血圧の高い症状を放っておくと、脳内の細い動脈が徐々に弱くなり、最終的には血管が破れて血液が脳内に流出してしまう。幸いなことに、私の場合は症状が現れた教授室の隣の建物が大学病院であったことから、すぐに救命救急センターに運ばれて、手術なしの 8 日間入院だけで済んだ。私の尊敬するパストゥールは 46 歳の働き盛りに脳出血で倒れ、半身不随になってしまった。それでもなお、研究を止めること無しに生活し、「感染症の予防と治療法の開発」に生涯を捧げた。

　2021 年 3 月 7 日の新聞報道によると、ブラジルで新型コロナウイルス流行の第 2 波が深刻化している。最近は 1 日あたり 2,000 人近い死者が出ており、医療体制は危機的状況にある。ブラジル起源の変異株が猛威を振るっているとみられ、WHO は各国に感染拡大が波及しかねないとの強い懸念を示した。2023 年 1 月現在、日本でも第 8 波が猛威をふるっている。

　あるウイルスは DNA を、あるものは RNA をゲノムとしている。新型コロナウイルスは一本鎖 RNA をゲノムとする。ちなみに、DNA を構成する塩基は、A（アデニン）、G（グアニン）、C（シトシン）、T（チミン）であるが、RNAの塩基には T の代わりに U（ウラシル）が用いられる。

　東北大学加齢医学研究所の研究グループは、新型コロナウイルスの変異がヒト由来の酵素によって起こると推定するとともに、ウイルスが感染すると、ヒトの免疫システムが働いて排除しようとする圧力を受けるので、ウイルス自身のゲノム RNA に変異を入れて生き残ろうとする。実際、新型コロナウイルスのゲノム RNA の塩基配列においてはウラシルへの置換が多い。この変異型ウイルスが感染すると、ヒトの自然免疫を担う炎症性サイトカインの生産量が高まる。感染量が多くなると炎症はさらに高まり、炎症性サイトカインも大量に放出される。この現象をサイトカインストーム（サイトカインの暴走）と呼んでいる（2020 年 4 月 27 日の英国医学雑誌の Lancet および

2021 年 10 月の Scientific Reports を参照）。

このようにウイルス学者は着々と新型コロナウイルスの生き残り作戦を逆手にとっており、今後は、その研究成果を参考に治療薬の開発が進むであろう。

2015 年のノーベル生理学・医学賞が授与された大村智 北里大学特別栄誉教授の研究に対する理念が学会誌（化学と生物 54(1): 7-9, 2016）の受賞記念特集号に掲載された。大村グループの岩井讓先生の執筆された文章から、以下のような経緯のあったことが読み取れる。

1977 年、北里研究所の理事会は、財政的理由で、秦藤樹博士から大村教授に引き継いだ抗生物質研究室の閉鎖を通告した。しかし、大村先生はこの伝統ある研究室の閉鎖を受け入れられないと判断、独立採算で運営することを理事会に提案し、何とか了承されたのだった。導入した外部資金で、実験費、所属研究員の人件費、研究室使用料を北里研究所に支払って研究は継続された。そして、北里研究所の抗生物質研究室と北里大学薬学部（微生物薬品製造化学研究室）との共同研究体制を敷いて、「世の中に役立つ微生物のつくる薬剤を発見すること」を目指した。

大村グループでは産学連携を締結して、大学は企業から研究経費を受け取り、特許出願人は「学」とし、その代わり、「産（企業）」には特許の独占的実施権を渡すという考え方で共同研究を行った。特に、米国メルク社との共同研究は 20 年続いた。WHO はかつては、その研究成果であるイベルメクチンのお陰で、2020 年にはオンコセルカ症が地球上から撲滅できるであろうと宣言していた。

大学の使命は教育と研究である。新型コロナウイルス感染症がパンデミックになったとき、米国のジョンズ・ホプキンス大学は世界に先駆けて感染状況をリアルタイムで知らせる「知のプラットフォーム」を構築した。また、ハーバード大学は、この感染症が起こった初期段階から、感染防止と経済回復の両立を目指し、徹底した PCR 検査の必要性を訴えていた。まさに、こうした知の総力をあげて難問に立ち向かう姿勢こそが、大学や科学者の存在意義であると私は思う。ただし、パンデミック感染症のような危機時に行われる研究は現在遂行中なので、その時点で科学的結論を得ることは難しい。「こうなるだろう」と結論的考察を述べると批判されるだろうし、専門分野しか知らないから科学者は間違えることもある。科学者は万能ではないのだから。

今や、日本はストレスや不安感の強い社会になっており、現代を生きる人々

にとって、ますます辛い環境へと追いやられている。不安感やストレスが腸内細菌叢を破綻させ、腸内環境の良し悪しが精神や身体に強く影響を与えていることがわかってきた。これがヒトと微生物とは共生と共栄の関係にあると言える由縁だ。ストレスによる未病から脱するために、さらには腸内細菌叢をより良い状態に変化させるために、微生物の助けを借りることは不可欠である。そして微生物が産生する抗生物質は微生物から人類への贈物である。

本書の出版を通じて、微生物が地球に出現した経緯や微生物の人類に対する脅威のほか、生活習慣病、未病改善、病気の治療、そして予防医学に微生物が役立つことを示すことで、微生物が底知れぬ力をもっていることを読者の皆様に感じていただけたら、執筆した甲斐があったと言える。

最後に本書の出版が叶った経緯に少し触れたい。私は 32 歳のころ、本屋で海鳴社のモナドブックスシリーズを見つけて購入した。朝日新聞にも広告が載っていたので、思い切ってその出版社に本を書かせて欲しいと大胆にも手紙を書いた。期待はしていなかったものの、直ちに快諾の返事を届いた。モナドブックスシリーズの一冊となった「薬をつくる微生物―自己耐性と遺伝子操作―」は、1985 年 10 月に発刊された。しばらくして、分子生物学者の丸山工作 京都大学教授による本書の書評が朝日新聞に掲載された。その書評には、「新進気鋭の研究者が書いた本で、研究することの醍醐味や楽しさが伝わってくる」と書かれていた。そのことがとても嬉しくて、爾来、本を単著で執筆することは楽しい活動であると感じるようになった。

書物は人類の知の集積と文化の変遷が記載されるべきだと感じている。そのきっかけをつくって下さったのが海鳴社の社主であった辻信行さんだ。それを思い出して、半世紀に渡って微生物分野で研究を進めてきた私の研究生活の集大成にと、再度、海鳴社に「本を書かせて欲しい」とメールを送った。しばらくして、「原稿を送って下さい」と、今度は辻和子さんからの連絡を受けた。そのメールの追伸には辻信行さんが脳梗塞で 76 歳の生涯を閉じたことが書かれていた。この度は、加筆修正したこの原稿を辻和子さんが丁寧に読んで下さり、しかも的確なご助言を下さった。そして今、脱稿することができた。この場をお借りして、辻信行・和子ご夫妻に心より感謝申し上げたい。

亡き父は私が科学者になるのを楽しみにしてくれていた。私は 2021 年秋に現役の研究者として古希を迎えたが、父が詠んだ短歌を紹介してここに筆を置くことにする。

クローバーをみれば若かりし日のごとく四つ葉をさがす古希に

< 参考図書・文献 >

基礎と応用　現代微生物学, 杉山政則著, 共立出版, 2010 年

現代乳酸菌科学―未病・予防医学への挑戦―, 杉山政則著, 共立出版, 2015
年

感染症に挑むー創薬する微生物　放線菌―, 杉山政則著, 共立出版, 2017 年

日本の酒, 坂口謹一郎著, 岩波文庫, 2010 年　第 4 刷

未病・予防医学領域における医学研究の現状と展望, 生物工学会誌, 99(11),
572-591, 2021 年

続・生物工学基礎講座　バイオよもやま話　アーキアとは何ぞや？, 佐藤喬
章, 99(11), 592-595, 2021 年

広島大学の地域貢献研究と産学連携におけるビオ・ユニブ広島の展開戦略.
杉山政則, 生物工学会誌. 85: 502-503 (2007)

乳酸発酵の新しい系譜, 小崎道雄・佐藤英一編著, 中央法規, 2004 年

植物乳酸菌の挑戦　―未病および生活習慣病から化粧品までー, 杉山政則著,
広島大学出版会, 平成 24 年

発酵食品礼讃, 小泉武夫著, 文藝春秋, 2003 年　第 5 刷

近代医学の建設者, メチニコフ著, 宮村定男訳, 岩波文庫, 1997 年 第 9 刷

パストゥール, 川喜田愛郎著, 岩波書店, 1995 年, 特装版

微生物の狩人 (上), ポール・ド・クライフ著　秋元寿径恵夫訳,
岩波文庫, 1990 年　第 11 刷

微生物の狩人 (下) , ポール・ド・クライフ著　秋元寿径恵夫訳 ,
岩波文庫 , 1990 年　第 10 刷

養生訓・和俗童子訓　貝原益軒 著 , 石川謙校訂　岩波文庫 ,
2015 年 , 第 57 刷

セレンディピティと近代医学 , モートン・マイヤーズ著 (小林力訳) , 中公
文庫 , 2015 年

遠き落日（上および下）, 渡辺淳一著，角川書店、1979 年

宇宙人と出会う前に読む本 , 高水裕一著 , 講談社 , 2021 年

Tamura, T. et al., Biol. Pharm. Bull. 33: 1673-1379 (2010)

Higashikawa, F. et al., Nutrition. 26: 367-374 (2010)

Jin, H. et al., Biol. Pharm. Bull. 33: 289-293 (2010)

Jeon, H.-J. et. al., Biochem. Biophys. Res. Commun. 378: 574-578 (2009)

Hase, K. et al., Nature. 462: 226-230 (2009)

Diep, D.B. et al., Proc. Natl. Acad. Sci. U.S.A. 104: 2384-2389 (2007)

Cotter, P.D. et al., Nat. Rev. Microbiol. 3: 777-788 (2005)

Adolfson, O. et al., Am. J. Clin. Nutr. 80: 245-256 (2004)

Igimi S. et al., Abstracts of XV International Symposium on Problems of Listeriosis, No. 146（2004）

Xin K.Q. et al., Blood 102: 223-228（2003）

Christensen H, R. et al., J. Immunol., 168: 171-178（2002）

Fang H. et al., FEMS Immunol. Med, Microbiol. 29: 47-52（2000）

Meydani, S. N. et al., Am. J. Clin. Nutr. 71: 861-872 (2000)

Wolf, J.L. et. al., Ann. Rev. Med. 35: 95-112 (1985)

索　引

著者：杉山　政則（すぎやま　まさのり）

1974 年 広島大学工学部卒（醱酵工学科）

1976 年 広島大学大学院 工学研究科修士課程修了（醱酵工学専攻）

1983 年 広島大学工学博士

1987 年 パストゥール研究所・研究員

1992 年 広島大学医学部・教授（総合薬学科）

2012 年 広島大学大学院 医歯薬保健学研究院（現　医系科学研究科）・教授、薬学部長

2016 年 3 月 31 日 定年により 薬学部長および薬学部教授 退任

2016 年 4 月 1 日　大学院医系科学研究科　未病・予防医学共同研究講座・教授および広島大学名誉教授　現在に至る

『薬をつくる微生物』（海鳴社）『現代微生物学』（共立出版）など著書多数

文部科学大臣表彰「科学技術賞」受賞（2 回）、中国文化賞など受賞多数

微生物力が人類を救う

　　　2023 年 2 月 20 日　第 1 刷発行

発行所：㈱海 鳴 社　http://www.kaimeisha.com/
　　　　〒 101-0065　東京都千代田区西神田 2 - 4 - 6
　　　　E メール：info@kaimeisha.com
　　　　Tel.：03-3262-1967 Fax：03-3234-3643

発 行 人：横井　恵子
組　　版：海 鳴 社
印刷・製本：シナノ印刷

出版社コード：1097
ISBN 978-4-87525-359-4

海鳴社の本

地球を脅かす化学物質 ― 発達障害やアレルギー急増の原因

木村 - 黒田純子　著／　本体 1500 円

　国産の野菜だから安心？以外にも日本は農薬多用国。ミツバチの大量死で問題になった浸透性のネオニコチノイド系農薬は人間には大丈夫なのか？

人体 5 億年の記憶 ― 解剖学者・三木成夫の世界

布施英利　著／　本体 2000 円

　【養老孟司推薦：人の心と体が、5 億年の歳月を経て成立した ことを忘れるな。ヒトとは何か、それを知ったつもりでいる現代人の驕りへ の警世の思想を三木成夫は持っていた。その三木の世界を理解するための必読の書である。著者の解説が素晴らしい。】

ウンチ学博士のうんちく

長谷川政美　著／　本体 2000 円

　江戸時代以降つい最近まで、日本は世界に誇る糞尿のリサイクルを成し遂げ、街を清潔に保っていた。世界のトイレ事情、糞尿の経済、腸内細菌と健康など民俗学から分子生物学まで、ウンチのうんちく満載。

森に学ぶ ― エコロジーから自然保護へ

四手井綱英　著／　本体 2000 円

　70 年にわたる大きな軌跡。地に足のついた学問ならではの柔軟で大局を見る発想は、環境問題に確かな視点を与え、深く考えさせる。

自然現象と心の構造 ― 非因果的連関の原理

C・G・ユング　W・パウリ　著 河合隼雄・村上陽一郎　訳／　本体 2000 円

　精神界と物質界を探求した巨人たちによるこの世界と科学の認識を論じた異色作。当社のロングセラー作品。